农民教育培训·核桃产业兴旺

核桃优质高效栽培与果园管理

徐达勋 李东艳 刘玲英 ◎ 主编

U0898248

中国农业科学技术出版社

图书在版编目（CIP）数据

核桃优质高效栽培与果园管理 / 徐达勋，李东艳，刘玲英主编．—北京：中国农业科学技术出版社，2019.9

ISBN 978-7-5116-4387-2

Ⅰ.①核… Ⅱ.①徐…③李…③刘… Ⅲ.①核桃-果树园艺②核桃-果园管理 Ⅳ.①S664.1

中国版本图书馆 CIP 数据核字（2019）第 195100 号

责任编辑 白姗姗
责任校对 贾海霞

出 版 者 中国农业科学技术出版社
北京市中关村南大街 12 号 邮编：100081
电 话 (010)82106638(编辑室) (010)82109702(发行部)
(010)82109709(读者服务部)
传 真 (010)82106650
网 址 http://www.castp.cn
经 销 者 各地新华书店
印 刷 者 北京富泰印刷有限责任公司
开 本 880mm×1 230mm 1/32
印 张 4.875
字 数 135 千字
版 次 2019 年 9 月第 1 版 2019 年 9 月第 1 次印刷
定 价 30.00 元

版权所有 · 翻印必究

《核桃优质高效栽培与果园管理》
编委会

主　编：徐达勋　李东艳　刘玲英

副主编：刘　智　李振山　陈　光　王林冲
　　　　申腊梅　许艳华　王立辉　杨再发
　　　　杨茂松　任士福　刘展宏　胡学飞
　　　　索贵昌　丁国文　李　想　王立辉
　　　　郑庆波　王富全　杨　强　魏文杰
　　　　纪长伦　邹金涛

编　委：孙明军　孙艳艳　张梦醒　张　宇
　　　　迟　菲　赵鹏军　刘　凯　李宝伟
　　　　陈秀丽　张　烁　付亚杰

前　言

核桃是世界著名的五大干果之一，它在我国栽培历史悠久，已有两千多年的种植历史，且分布广泛，种质资源极为丰富。大力发展优质核桃，不断改进核桃的栽培与管理技术，可有效增加产量和提高经济效益。

本书主要讲述了核桃栽培概况、核桃的主要种类和优良品种、核桃高效花果管理技术、核桃高效育苗技术、核桃优质高效建园与栽植技术、核桃高效管理技术、核桃主要病虫害防治技术、核桃采后处理加工技术、核桃园林下种植、养殖模式及技术、文玩核桃等方面的内容。

由于编者水平所限，加之时间仓促，书中不尽如人意之处在所难免，恳切希望广大读者和同行不吝指正。

编　者

目　录

第一章　核桃栽培概况

第一节　核桃栽培的意义

核桃又名胡桃、羌桃、合桃等，享有“长寿果”之美誉，是理想的滋补食品。所含的脂肪、蛋白质量多质优，还含有糖分、多种维生素、钙、磷、镁、钾、锰、铬等矿物质。据分析，500 克核桃肉的营养价值，相当于鸡蛋 2 500 克，牛奶 4 750 克或猪肉 1 500 克，可见，核桃的营养值价是相当可观的。

一、核桃树的用途

核桃树树体高大，枝干挺立，树冠枝叶繁茂，多呈半圆形，具有较强的拦截烟尘、吸收二氧化碳和净化空气的功能，在立地条件好的地方用作行道树或观赏树种。核桃树木材色泽淡雅，花纹美丽，质地细韧，无特殊气味，装饰价值极高，经打磨后光泽宜人，且可染上各种色彩，是制作高级家具、军工用材、高档商品包装箱及乐器的优良材料。因此，许多国家都很重视对核桃树的栽培和利用，如美国人、意大利人十分尊崇核桃木材，认为是富贵和华丽的象征。

核桃树根系发达，分布深广，可以固结大片土壤，缓和地表径流，防止侵蚀冲刷。因此，可以绿化荒山，保持水土。

核桃树叶片风干后可以做饲料，核桃树枝条做薪柴，核桃果实青皮中含有单宁，可制栲胶，用于染料、制革、纺织等行业。青皮浸出液可防治象鼻虫和蚜虫，是最近科学家探求植物源农药的重要原料。核桃壳可以制作高级活性炭，或用于油毛毡工业及石材打磨，也可以磨碎做肥料。

二、核桃仁的营养价值

核桃仁是一种营养价值极高的食品，其味道鲜美。据分析，核桃仁含油量平均为65.08%~68.88%，最高达76.3%，比大豆、油菜籽、花生和芝麻的含油率均高。它的蛋白质含量最高可达29.7%，高于鸡蛋（14.8%）、鸭蛋（13%）的蛋白质含量，为豆腐的2.1倍，鲜牛奶的5倍，核桃仁中的蛋白质也因其真实消化率和净蛋白比值较高，而被誉为优质蛋白。

此外，核桃仁还含有丰富的维生素及钙、铁、磷、锌等多种微量元素。核桃油中的脂肪酸主要是油酸和亚油酸，约占总量的90%，因此，容易被消化，吸收率高。

核桃仁除直接食用外，常用作各种糕点、家常食品、风味小吃、烹调菜点及饮料的重要配料，为我国传统的食品加工原料。核桃油是高级食用油，并可广泛应用于工业。

三、核桃的保健与医疗用途

核桃作为保健食品早已被国内外所认识。唐代名医孟诜称核桃仁可“通经脉、润血脉、常服骨肉细腻光润”。明代医药学家李时珍称核桃仁有“补气养血、润燥化痰、益命门、利三焦、温肺润肠”等功用。在我国古代和中世纪的欧洲，核桃被用来治疗秃发、牙疼、狂犬病、皮癣等症。罗马学者普雷尼认为，“咀嚼着一个核桃仁是抵御狂犬咬伤的特效药”。

近代大量资料表明，核桃对各种年龄的人都有不同程度的保健作用。妇女妊娠期间常吃核桃，可促使胎儿身体发育良好，头顶囟门能提早健康地闭合。核桃仁中的丰富营养对少年儿童的身体和智力发育大有益处，无机元素锌有助于儿童长高，亚油酸能使皮肤光润细腻，锌元素对久治不愈的青春期痤疮有良好的疗效。核桃仁中高含量的锌和磷脂可以补脑；维生素可防止细胞老化和记忆力及性机能的减退；核桃仁中丰富的亚油酸可以光滑皮肤、软化血管、阻滞胆固醇的形成并使之排出体外，使心脏病的相对危险程度降低30%~50%，并且不会使人发胖，对预防和治疗老年人心血管疾病均有良好的作用。

第二节　我国核桃栽培分布及生产概况

我国核桃栽培的地域遍及全国，且栽培历史悠久。可以说，核桃是我国经济林树种中分布最广泛的树种之一。我国以浅山丘陵区为核桃的主要栽培区，其中的漾濞核桃主要分布在深山坡麓或沟壑部分。从分布性质看，除西藏吉隆与新疆伊犁等地区有部分野生核桃林外，其他省区的核桃种植都是经过多世代种植或引种栽培的人为分布，但漾濞核桃种群主体中的野生铁核桃和用它做砧木嫁接改造成的泡核桃都属于自然分布。

核桃的宏观分布状态，除西藏南部及新疆南疆、辽东半岛核桃栽培区处于相对隔绝和表现间断分布外，其他各地的核桃和铁核桃的分布状态都表现为迤逦相接，呈连续状。

我国核桃分布的北界与年平均温度有明显的关系。以甘肃兰州为中心点，东部的北界与年平均温度8℃的等温线非常接近；而西部的北界则与同年平均温度6℃等温线大致吻合。

根据实地考察并参阅相关的文献资料，我国核桃分布区划主要依据地理气候因素、核桃树体生物学特性和社会经济因素3个方面的条件。

一、地理气候因素

相关植物学家认为，影响并制约植物分布的首要因素是气候环境，其次就是土壤环境。任何树种的分布，都要受到热量状况的纬度地带性和水分状况的经度地带性的综合影响。通过多因素（纬度、经度、年平均气温、年降水量、海拔、年日照时数、极端最低气温及无霜期8个因子）的主量分析，影响最大的因素是极端最低气温、纬度、无霜期、海拔和经度。前三者反映的都是气温地带性的因素。

二、不同生态条件下核桃生长结实表现

核桃物候在不同地区表现不同，即使同一品种在不同地区

的产量也有差异，坚果品质也不同。

三、社会经济因素

我国果用型的核桃几乎都是人为分布的，所以，其生产受经济规律的影响非常大。在核桃栽培良种化之前，一方面，核桃结实较晚，坚果产量比较低；另一方面，其有较高的医疗保健价值，产品销售价格相对稳定，同时管理省工，有很强的抗逆性，而且耐贮藏运输。20 世纪 80 年代以后的 20 年里，核桃的收益相对减少，主要因为核桃的品种化程度比较低，核桃园大多是粗放管理，而核桃产品的加工业落后，质量也不过关，因而经济效益低。到 21 世纪，随着人们对核桃营养保健价值的认识和生活水平的提高，其需求量逐年增加，销售价格也逐渐上升，核桃栽培的经济效益增长较快。因此，核桃分布区的变化就在其种植大范围消长的情况下受到很大影响。在经济杠杆的作用下，核桃种植业从以前交通条件较差的浅山丘陵地区逐渐转向发达的山区、平原和丘陵。

根据我国核桃的分布现状，分布区划分遵循以下原则。

1. 主要依据地理气候因素

特别是在大的地貌变化（海拔高度、大山南北麓等）影响到气候带和种群生长条件时，更应优先考虑。

2. 照顾行政区域的完整性

作为适应性较强的核桃，属于广域树种。但目前我国的行政区划分并不是完全按照地理气候因素，否则，就会出现分散割裂的小块区域，在实际应用中造成不便。因此，对气候、地形没有突出差异的地方，可以用划分亚区的办法解决，以尽量照顾行政区域的完整。

3. 适当的栽培规模

分布区的栽培面积与株数必须达到一定规模，如果只是引种试种或有少量栽培面积的地区，都不进行区的划分。

第三节　果实生长发育特性

一、生长发育规律

从核桃雌花柱头枯萎，到核果青皮变黄开裂、果实成熟的整个过程，称为核桃的果实发育期。果实发育期的长短，因生态条件的变化而异，一般南方地区为 170 天左右，北方地区为 120 天左右。核桃果实发育大体可分为四个时期（以中部产区为例）。

（一）果实速长期

一般从 5 月初到 6 月初的 30～35 天，是核桃果实生长最快的时期，其体积生长量占全年总生长量的 90%以上，重量则占 70%左右。

（二）果壳硬化期

亦称硬核期。从 6 月初到 7 月初，约 35 天。坚果核壳自果顶向基部逐渐变硬，种仁由浆状物变成嫩白核仁，营养物质也迅速积累。至此，果实大小已基本定型。

（三）油脂迅速转化期

油脂迅速转化期，从 7 月初到 8 月下旬，共 50～55 天，为坚果脂肪（即油）含量迅速增加期，脂肪含量可由 29.24%增加到 63.09%。同时，核仁不断充实，重量迅速增加，含水率下降，风味由甜淡变成香脆。

（四）果实成熟期

果实成熟期，从 8 月下旬至 9 月上旬，共 15 天左右。果实各部分已达该品种应有的大小，坚果重量略有增加，青果皮由绿变黄，有的出现裂口，坚果易脱出。据研究，此期坚果含油量仍有较多增加，为保证品质，不宜过早采收。

泡核桃的果实，发育也同样划分为上述四个时期，其中果实速长期需 60～70 天，果壳硬化期约需 20 天，油脂转化期需

53~57 天，果实成熟期需 12~16 天。果实纵径、横径与棱径的生长速度基本一致。5 月生长最快，6 月中下旬开始减缓，果实大小基本定型。果实重量的增长和体积的增长，速率也趋于一致。

二、落花落果特点

核桃雌花末期，子房未经膨大而脱落者为落花；子房发育膨大，而后脱落者为落果。一般来说，核桃多数品种或类型，落花较轻，落果较重，但也有落花现象严重的。落花率常因品种或类型而异。一些品种落花率，可达 50%以上，最高可达 90%左右。

核桃落果，多集中在柱头干枯后的 30~40 天内。尤其是果实速长期落果最多，称为“生理落果”。核桃的自然落果率可达 30%~50%。不同品种或单株间，通常落果率差异较大，多者达 60%，少者不足 10%。核桃落果的原因，往往与受精不良、营养不足、花期低温和干旱等有关。针对落果原因，结合核桃生物学特性，在加强土、肥、水管理的基础上，进行花期叶面喷肥（加硼酸 0.2%~0.3%），人工辅助授粉和疏除过多雄花等，均有利于提高核桃坐果率。

第四节　对环境条件的要求

核桃在我国的分布范围相当广泛，在北纬 21°~44°，东经 75°~124°都有栽培或种植，但主要分布在暖温带和北亚热带。核桃的适应性较强，对环境条件的要求不甚严格。其生存的主要生态条件为：年平均气温从 2℃（西藏拉孜）到 22.1℃（广西百色极端最低气温从 -40℃（新疆伊宁）到 5.4℃（四川绵阳）；极端最高气温从 27.5℃（西藏日喀则）到 47.8℃（新疆吐鲁番）。年降水量从 12.6 毫米（吐鲁番靠灌溉）到 1 518.8 毫米（湖北恩施）；无霜期从 90 天（拉孜）到 300 天（江苏中部）；垂直分布从海平面以下（新疆吐鲁番）到海拔 4 200 米

(西藏拉孜县徒庆林寺)；土壤种类更为多样。然而，核桃对适生条件的要求却比较严格，超出适生范围，虽能生存，但生长结实不良，不能形成产量，没有栽培意义。适生条件因地而异，分别如下。

一、海拔高度

北方地区，核桃多栽培在海拔1 000米以下的地方；秦岭以南，核桃多生长在海拔500~1 500米；陕西省洛南地区，核桃在海拔700~1 000米处生长良好；云南、贵州地区，核桃在海拔1 500~2 000米生长良好，其中云南省漾濞地区，以海拔1 720~2 100米为泡核桃的适生区。而辽宁西南部，核桃则适于在海拔500米以下的地方生长，高于500米，由于冬季寒冷，表现出生长不正常。

二、温度

核桃属于喜温树种。普通核桃适宜生长的温度范围及有霜期为：年平均温度为9~16℃，极端最低温度为-25℃，极端最高温度为35~38℃，有霜期在150天以下。核桃在休眠期，幼树在-20℃条件下可出现冻害。成年核桃树虽能耐-30℃低温，但低于-28~-26℃时，枝条、雄花芽及叶芽，均易受冻害。在新疆的伊宁和乌鲁木齐，极端最低气温达到-37~-34℃时，核桃不能结果，多呈小乔木或灌丛状生长。展叶后，如温度降到-4~-2℃时，新梢可被冻坏。在花期和幼果期，气温下降到-1~2℃时，则受冻减产。在温度超过38~40℃时，果实易受日灼伤害，核仁难以发育，常形成空苞。泡核桃只适应于亚热带气候条件，耐湿热，不耐干冷。对温度的要求是：年平均气温为12.7~16.9℃，最冷月平均气温为4~10℃，极端最低温度为-5.8℃，过低难以越冬。如引种到北京地区，播种苗到三至四年生时，如不防寒，冬季会连根冻死。各主要核桃产区的气候条件如下表所示。

表　各主要核桃产区的气候条件

地区	年平均气温（℃）	极端最低气温（℃）	极端最高气温（℃）	年降水量（毫米）	年日照量（小时）
新疆库车	8.8	−27.4	41.9	68.4	2 999.8
陕西咸阳	11.1	−18.0	37.1	799.4	2 052.0
山西汾阳	10.6	−26.2	38.4	503.0	2 721.7
河北昌黎	11.4	−24.6	40.0	650.4	2 905.3
辽宁大连	10.3	−19.9	36.1	595.8	2 774.4
云南漾濞	16.0	−2.8	33.8	1 125.8	2 212.0

三、光照

核桃属于喜光树种。在年生长期内，日照时数与强度，对核桃生长、花芽分化及开花结实，有重要的影响。进入盛果期后更需要有充足的光照条件，全年日照时数要求在 2 000 小时以上，才能保证核桃的正常生长发育，低于 1 000 小时，则核壳、核仁均发育不良。特别是雌花开放期，若光照条件良好，则坐果率明显提高。如遇阴雨、低温，则易造成大量落花落果。例如，新疆早实型核桃产区阿克苏和库车地区，因光照充足，年日照量均在 2 700 小时以上，生长期（4—9 月）的日照时数在 1 500 小时以上，因而核桃产量高，品质好。同样，凡核桃园边缘植株均表现生长良好，结果多。同一植株，也是外围枝条比内膛枝条结果多，品质好。这些均为光照条件好所致。因此，生产中应注意栽植密度和适当修剪，不断改善树冠内的通风、透光条件。

四、土壤

核桃为深根性树种，根系需要有深厚的土层（大于 1 米），以保证其良好的生长发育。土层过薄，易形成“小老树”，或连年枯梢，不能形成产量。核桃对土壤质地的要求是，结构疏松，保水透气性好，故适于在沙壤土和壤土上种植。黏重板结的土壤或过于瘠薄的砂地上，均不利于核桃的生长和结实。核桃对土壤酸碱度的适应范围是 pH 值为 6.2~8.2，最适范围是 pH 值为 6.5~7.5，即在中性或微碱性土壤上生长最佳。土壤含盐量在 0.25%以下，稍微超过即对生长结实有影响。含盐量过高则导致死亡。氯酸盐比硫酸盐危害更大。核桃喜肥。据分析，每收获 100 千克核桃，要从土壤中吸收 2.7 千克纯氮。另据报道，氮肥可以提高出仁率，磷、钾肥除增加产量外，还能改善核仁的品质。但应注意，氮肥稍有过量，就会延长生长期，推迟果实成熟和新梢停长时间，不利于安全越冬。增施农家肥和压绿肥，有利于核桃的生长和结果。

五、水分

核桃的不同种群和品种，对降水量的适应能力有很大差异。如云南泡核桃分布区的年降水量为 800~1 200 毫米时，泡核桃生长良好，干旱年份则产量下降。而新疆早实核桃，由于长期适应当地的干燥气候，若引种到降水量为 600 毫米以上的地区，则易罹病害。一般来说，核桃可耐干燥的空气，但对土壤水分状况却比较敏感。土壤过旱或过湿均不利于核桃的生长和结实。土壤干旱，阻碍根系吸收和地上部蒸腾，干扰正常新陈代谢过程，造成落花落果，乃至叶片凋萎脱落。土壤水分过多或长期积水，造成通气不良，使根系呼吸受阻，严重时窒息、腐烂，从而影响地上部的生长和发育。秋雨频繁，常引起果实青皮早裂，坚果变褐。因此，山地核桃园需设置水土保持工程，以涵养水分；平地、洼地则应解决排水问题。核桃园的地下水位应在地表 2 米以下。

六、坡向和坡度

核桃适于生长在背风向阳处。山坡基部土层深厚，水分状况良好，因而比山坡中部和上部生长结果好。云南省漾濞核桃试验站调查表明，同龄植株，立地条件一致而栽植坡向不同，生长结果有明显的差异，表现在阳坡树的新梢生长量、结果数量等，明显高于半阳坡和阴坡树。

坡度大小主要通过影响土壤冲刷程度，而影响核桃生长。坡度越大，径流量越大，流速越快，水肥冲蚀量也越大。一般来说，坡长与径流量呈反相关，与冲蚀量呈正相关。因此，核桃适于定植在10°以下的缓坡地带。坡度再大时，应修筑等高的水保工程（水平窄带梯田等）。

第二章　核桃的主要种类和优良品种

第一节　核桃的主要种类

核桃是胡桃科，属树木，在核桃属中主要栽培有核桃和铁核桃两种，除核桃和铁核桃外，该属中的黑核桃、野核桃，以及山核桃属的美国山核桃等树种，也应引起核桃种植者的关注和重视。

核桃在黄河流域及以北地区栽培，长期栽培培育了许多品种，分早实和晚实两大类。早实核桃原产地主要在新疆，各品种基本上都有新疆核桃的基因，其主要特点是栽植 1~2 年即可见果，但抗病性较弱。主要品种有辽核 1 号、香玲、元丰、鲁光、丰辉、绿波、中林五号等。晚实核桃栽植 5~6 年后才开始挂果，但抗病性较强，主要品种有礼品一号、礼品二号、清香、晋龙 1 号、晋龙 2 号等。

第二节　核桃品种分类

我国根据种子播种后开始结果年龄的早晚将核桃分为“早实核桃类群”和“晚实核桃类群”，另有近年选育的“材果兼用类群”。早实类群是指核桃播种后 1~2 年即能开花结果，晚实类群需 5~8 年或更长时间才能结果。但是，2 类核桃的嫁接苗开始成花结果的年龄差别不大，故在品种选用上区分 2 类核桃已无实际意义，而应重点综合考虑品种的生长结果特性和对生态条件、技术条件的需求。为便于理解和适应多年的使用习惯，现仍按上述三大类群（林果兼用类）分类，分别将其主要特性和关注点作一介绍。

一、早实类群

早实类群的共同特点是嫁接苗栽植后1~2年开始成花结果。主要表现为：树体生长缓慢，树体较矮，混合芽形成得早，侧生结果枝比例高。前期产量增长快，进入盛果期较早。但结果枝结果后易早衰，结果部位外移明显，根系分布较浅而广，发育枝生长慢，树冠体积较小。坚果壳薄（>1.0毫米），内褶壁和横隔纸质或退化，取仁容易，出仁率较高。缝合线易开裂，不耐漂洗和贮运。要求土层深厚，肥沃度较高，肥水供给及时。应注意调控结果与生长的矛盾，防止树势衰弱，防治夏秋病害，确保枝叶和果实完好率，以延长盛果年龄和单位面积的经济效益。

二、晚实类群

晚实类群的共同特点是嫁接苗栽后2~3年开始成花结果。根系入土深广，树体生长旺盛，混合芽形成较晚，侧生结果母枝比例较低。树冠体积较大，栽后3~4年结果数量较少，5~6年后产量逐渐增加。幼树期易出现长势过旺和结果较少，盛果期和经济寿命较长。要求土层深厚、肥沃度中等，幼树期需要肥水较少，盛果期要适度增施肥水。坚果壳皮较厚（1~1.2毫米），缝合线紧密，耐漂洗和贮藏运输。多数品种坚果内褶壁和横隔纸质，取仁容易。应实施幼树生长期轻剪、控旺、增枝和控制肥水措施，调控生长与结果的矛盾。注意增加行间和膛内光照，以提高前期结果量。

三、材果兼用类群

多从实生核桃后代中选育而成，主要特点是树体生长快，材质优良，结果较晚。生产目的是以用材为主，结果为辅，材果兼收。主要特点是：树姿直立，干性明显，材质良好；生长迅速，树干通直，分枝较少；适应广泛，抗病力和抗逆性较强；开始结实期不一致，坚果品质不一。该类群兼具材用和果用特点，综合经济效益较高，是城市绿化、农田防护、荒坡利用、公路行道种植的良好树种。

第三节　熟悉优良品种

核桃是胡桃科核桃属植物，原产于我国的核桃属植物有五种，即核桃、核桃楸、野核桃、铁核桃、河北核桃（即麻核桃）。按照开始结果时间的早晚分为早实核桃和晚实核桃。

一、早实核桃良种

早实核桃结果早、产量高，深受群众欢迎，近年发展面积较大。缺点是喜水肥，立地条件要求较高。目前主要有以下良种。

（一）香玲

由山东省果树研究所经人工杂交选育而成，1989 年定名。主要在山东、河南、山西、陕西、河北等地栽培。

品种特性：树势中庸，树姿直立，树冠半圆形，分枝力较强。嫁接当年开始形成混合花芽，雄花 3~4 年后出现。雄先型，中熟品种，果枝率 85.7%，侧生果枝率 81.7%，每果枝平均坐果 1.4 个。坚果卵圆形，平均单果重 10.6 克。易取整仁。核仁充实饱满，出仁率 65.4%。核仁乳黄色，味香而不涩。

栽培特点：该品种适应性一般，盛果期产量较高，大小年不明显；坚果品质上等，尤宜带壳销售或作生食用；较抗寒，耐旱，但抗病性较差。适宜在山丘土层较深厚和平原林粮间作栽培。

（二）鲁光

由山东省果树研究所经人工杂交选育而成，1989 年定名。主要在山东、河南、山西、陕西、河北等地栽培。

品种特性：树势中庸，树姿开张，树冠半圆形，分枝力较强。嫁接后 2 年开始形成混合花芽，3~4 年后出现较多。属长果枝型，果枝率 81.8%，侧生混合芽率 80.8%，每果枝平均坐果1.3个。雄先型，中熟品种。坚果长圆形，坚果重16.7克。易取整仁。核仁充实饱满，出仁率59.1%。核仁乳黄色，味香而不涩。

栽培特点：该品种适应性一般，早期生长势较强，产量中等，盛果期产量较高；适宜在土层深厚的山地、丘陵地栽植，亦适宜林粮间作。

（三）薄壳香

由北京市林业果树研究所自新疆引进核桃实生树中选育而成，1984年定名。已在北京、山西、陕西、辽宁、河北和河南等地推广。

品种特性：坚果近圆形，表面光滑、麻点少，壳厚1毫米，能取整仁，出仁率63.8%。仁色浅，风味独特，口感好。耐储存，常温下坚果可存放一年。成穗状或串状结果，内膛枝也可以结果。早实性好，定植当年就有部分开花坐果。对土壤、气候和水肥等条件没有严格要求，适宜各类土质。耐旱、耐涝、耐瘠薄，抗风、抗冰雹、抗冻。

栽培特点：较丰产，嫁接成活率较低，宜在华北、华中地区发展。土质较好的平地或山坡地均可栽植。栽植后一般不要施肥。定植5年内萌生侧枝越多产量越高，因而不需要修剪、整形，任其自然丛生生长即可。

（四）辽核1号

由辽宁省经济林研究所经人工杂交选育而成，1980年定名。已在辽宁、河南、河北、陕西、山西、北京、山东、湖北等地大面积栽培。

品种特性：树势较旺，树姿直立或半开张，树冠圆头形，分枝力强，枝条粗壮密集。丰产、稳产性强，有抗病、抗风和抗寒能力。雄先型，中、晚熟品种。属短果枝型，侧生混合芽率90%，枝坐果率约60%。丰产性强，5年生平均株产坚果1.5千克，最高达5.1千克。坚果圆形，坚果均重9.4克。可取整仁，出仁率 59.6%。核仁充实饱满，黄白色。

栽培特点：该品种长势旺，枝条粗壮，果枝率高，丰产性强；坚果品质优良、适应性强，比较耐寒、耐干旱，抗病性强。适宜在土壤条件较好的地方栽培和早密丰栽培。

(五) 辽核 3 号

由辽宁省经济林研究所经人工杂交选育而成，1989 年定名。已在辽宁、河南、河北、陕西、山西等地大量栽培。

品种特性：树势中庸，树姿开张，树冠半圆形，分枝力强，尤其是抽生二次枝的能力强，枝条多密挤。抗病、抗风性较强。雄先型，中、晚熟品种。2 年生开始结果。属短果枝型，果枝率 90%，侧生混合芽率 100%，一般坐果率 60%~80%。丰产性强，5 年生平均株产坚果 2.6 千克，最高达 4.0 千克。坚果椭圆形，坚果均重 9.8 克。可取整仁或 1/2 仁，出仁率 58.2%。核仁饱满，浅黄色，风味佳。

栽培特点：该品种树势中等，树姿较开张，分枝力强；果枝率及坐果率高，坚果品质优良；抗病性很强。适宜在我国北方核桃栽培区发展。

(六) 辽核 4 号

由辽宁省经济林研究所经人工杂交选育而成，1990 年定名。目前已在辽宁、河南、山西、陕西、河北、山东等地大量栽培。

品种特性：树势较旺，树姿直立或半开张，树冠圆头形，分枝力强。雄先型，晚熟品种。侧生混合芽率 90%，每果枝平均坐果 1.5 个，丰产性强，8 年生平均株产 6.9 千克，最高达 9.0 千克，大小年不明显。坚果圆形，坚果均重 11.4 克。可取整仁，核仁充实饱满，黄白色，出仁率 59.7%。风味好，品质极佳。

栽培特点：该品种果枝率和坐果率高，连续丰产性强；坚果品质优良；适应性强，抗病性极强，抗寒、耐旱。适宜在北方核桃栽培区发展。

（七）中林1号

由中国林业科学研究院林业研究所经人工杂交选育而成，1989年定名。现在河南、山西、陕西、四川、湖北等地栽培。

品种特性：树势较强，树姿较直立，树冠椭圆形，分枝力强，丰产性强。雌先型，中熟品种。侧生混合芽率90%，每果枝平均坐果1.39个，高接在15年生砧木上第三年最高株产10千克。坚果圆形，坚果重14克。可取整仁或1/2仁，出仁率54%。核仁充实饱满，仁乳黄色，风味好。

栽培特点：该品种生长势较强，生长迅速，丰产潜力大；坚果品质中等；适应能力较强。壳有一定的强度，耐清洗、漂白及运输，尤宜作加工品种，也是理想的材果兼用品种。

（八）中林3号

由中国林业科学研究院林业研究所经人工杂交选育而成。1989年定名。现在河南、山西、陕西等地栽培。

品种特性：树势较旺，树姿半开张，分枝力较强。雌先型，中熟品种。侧生混合芽率50%以上，幼树2~3年开始结果。丰产性极强，6年生株产坚果7千克以上。坚果椭圆形，坚果重11.0克。易取整仁，出仁率60%。核仁充实饱满，乳黄色，品质上等。

栽培特点：该品种适应性强，品质佳。由于树势较旺，生长快，也可作农田防护林的材果兼用树种。

（九）中林5号

中国林业科学研究院林业研究所育成。1989年定名。已在河南、山西、陕西、四川和湖南等地栽培。

品种特性：坚果圆球形，易取整仁，出仁率58%。仁重7.8克，饱满，色浅，风味佳，品质优。树势中庸，树冠圆头形，分枝力较强。2~3年生开始结果，雌先型。结果枝短，为短枝型，丰产性好。

栽培特点：果实8月下旬至9月初成熟，属中晚熟品种。

抗病性强。适于矮密丰栽培。

（十）中林6号

由中国林业科学研究院林业研究所经人工杂交选育而成，1989年定名。现在河南、山西、陕西等地栽培。

品种特性：树势较旺，树姿较开张，分枝力强。侧生混合芽率95%，每果枝平均坐果1.2个。较丰产，6年生树株产坚果4千克。坚果略长圆形，易取整仁，出仁率54.3%。核仁充实饱满，仁乳黄色，风味佳。

栽培特点：该品种生长势较旺，分枝力强，单果多，产量中上等；坚果品质极优，宜带壳销售；抗病性较强。适宜在华北、中南及西南高海拔地区栽培。

（十一）京861

北京市林业果树科学研究院选育。坚果长圆形，均单果重11.24克，可取整仁，出仁率59.39%，仁色浅，风味香，品质上等。该品种适应性较强，较抗寒，耐暑，不抗病，丰产。宜华北山区栽培。

（十二）元丰

由山东省农业科学院果树研究所选育而成，属早实型。仁饱满，取仁容易，品质好，出仁率49.7%，含油量68.77%。该品种树势中庸，适应性强，早期产量较高。

二、晚实核桃优良品种

晚实核桃苗一般播种后5~7年或嫁接后3~5年才能够开始结果。但耐瘠薄、干旱，寿命长，结实年限相对也长。目前主要有以下良种。

（一）礼品1号

由辽宁省经济林研究所从新疆纸皮核桃的实生后代中选出。1989年定名。

已在辽宁、河南、北京、河北、陕西、山西、甘肃等地栽培。

品种特性：树势中庸，树姿开张，分枝力中等。雄先型，中熟品种。实生树6年生或嫁接树3年生出现雌花，6~8年生以后出现雄花，丰产性中等。果枝率为50%左右，每个果枝平均坐果1.2个，坐果率在50%以上，属长果枝型。坚果长圆形，坚果重9.7克左右。可取整仁，种仁饱满，种皮黄白色，出仁率70.0%，品质极佳。

栽培特点：该品种坚果大小一致，壳面光滑美观；取仁极易，出仁率高，品质极佳，常作为馈赠亲友的礼品。抗病耐寒，适宜北方栽培区发展。

（二）礼品2号

由辽宁省经济林研究所从新疆纸皮核桃的实生后代中选出。1989年定名。已在辽宁、河北、北京、山西、河南等地扩大栽培。

品种特性：树势中庸，树姿半开张，分枝力较强。雌先型，中熟品种。实生树6年生或嫁接树4年生开花结果，高接后3年结果，结果母枝顶部抽生2~4个结果枝，果枝率60%左右，属中、短果枝型，每果枝平均坐果1.3个，坐果率在70%以上，多双果。丰产，15年生母树年产坚果6~14千克，10年生嫁接树株产5.4千克。坚果较大，长圆形，坚果重13.5克，极易取整仁，出仁率67.4%，仁饱满，品质好。

栽培特点：该品种抗病丰产，坚果大，壳极薄，出仁率高，属纸皮类。适宜在我国北方核桃栽培区发展。

（三）晋龙1号

由山西省林业科学研究所从实生核桃群体中选出。1990年定名。主要栽培于山西、北京、山东、陕西、江西等地。

品种特性：幼树树势较旺，结果后逐渐开张，树冠圆头形，分枝力中等。嫁接后2~3年开始结果，3~4年后出现雄花。雄先型。果枝率45%左右，果枝平均长7厘米，属中短果枝型，每果枝平均坐果1.5个，坐果率65%左右，多双果。坚果近圆形，坚果重 14.85 克。易取整仁，出仁率 61%。仁饱满，黄白色，品质上等。

栽培特点：该品种适应性强，果型大、品质优，2 年生嫁接苗开花株率达 23%；抗寒、耐旱、抗病性强。适宜在华北、西北丘陵山区发展。

（四）晋龙 2 号

由山西省林业科学研究所从实生核桃群体中选出。1990 年定名。主要在山西、北京、山东等地栽培。

品种特性：树势强，树姿开张，树冠半圆形。雄先型，中熟品种。果枝率 12.6%，每果枝平均坐果 1.53 个，嫁接苗 3 年开始结果，8 年生树株产坚果 5 千克左右。坚果近圆形，坚果重 15.92 克。可取整仁，出仁率 56.7%。仁饱满，淡黄色，风味香甜，品质上等。

栽培特点：该品种丰产、稳产，果型大而美观，生食、加工皆宜；抗逆性强。适宜在华北、西北丘陵山区发展。

（五）清香

原产日本。树势健壮，树姿半开张，树冠近圆形，枝条粗壮，芽体充实，分枝力中等。3 月底至 4 月初萌芽展叶，4 月中旬雄花盛期，4 月中下旬雌花盛期，9 月上中旬果实成熟，10 月底至 11 月初落叶。雄先型。壮苗栽植后第二年即可见果，5~6 年进入盛果期。结果枝率 37.39%，双果率 70%~80%。顶花芽结果为主，兼有腋花芽结果习性。坚果阔圆锥形，坚果重 14.3 克。核仁充实饱满，核仁浅黄，风味香甜，涩味极轻，出仁率 53%~55%。极耐漂洗运输，抗氧化酸败（种仁变味）力强，耐贮藏。

该品种对土壤、肥料和灌水条件要求较低，适应能力较强。在山区、丘陵、平原及荒坡地均能正常结果，抗逆性突出。

三、引进优良品种的方法

引种方法，可简单概括为：认真考察，确定重点，少量引种，多点试验，全面鉴定，掌握规律，加速繁育，逐步推广。这种引种步骤稳妥，适合于研究单位、职能部门。对于生产者而言，难度大、成本高、周期长。

（一）引种的方法和步骤

1. 收集资料，制订计划

引种前，要根据生产需要，收集有关品种的材料，包括形态特征、生长发育特性、适应性、抗病虫性情况、经济性状（包括壳的厚度、出仁率、脂肪含量等）。然后对目标品种进行全面的综合评价，确定最佳引种方案。

选择引种单位也非常重要，特别是在核桃苗木市场比较混乱的情况下，到正规的、有信誉的、有质量保证、三证（育苗生产许可证、苗木质量合格证、检疫症）齐全的核桃苗供应单位引种，最好到品种的原产地的培育单位引种。切忌贪图便宜，引入假种。

引种材料可以是苗木，也可以是接穗。如果是新建园，只能引进苗木，如果有大树，则最好引入接穗，用高接换种的方法进行试验，高接后结果早，能在较短的时间内评价引入的该品种。可行的应该建立采穗圃，最好在生长季节，通过观果、观叶、观抗病性，认准品种后，通过引进嫩枝接穗，自育苗建圃，确保品种准确性。

2. 引种材料的收集和编号登记

引种材料可以通过实地调查收集，或通信邮寄等方式收集。实地调查收集，便于查对核实，防止混杂，同时还可做到从品种特性典型而无慢性病虫害的优良植株上采集繁殖材料。收集的材料必须详细登记并编号。登记项目应包括种类和品种名称（学名、俗名等）、繁殖材料种类（种子、接穗、嫁接苗等，嫁接苗还应注明砧木名称）、材料来源及数量、收到日期，以及收到后采取的措施（包括苗木的假植、定植）等。收集到的每份材料，只要来源不同和收集时间不同，都要分别编号，并将每份材料的有关资料，如植物学性状、经济性状和原产地生态特点等记载说明，分别装入相同编号的档案袋内备案。

3. 引种材料的检疫

为了避免随引种材料传入新的病虫害和有害杂草，从外地区特别是国外引进的材料，必须通过严格的检疫。对有检疫对象的繁殖材料，应及时加以消毒处理。必要时，应放在特设的检疫圃内进行隔离种植，如发现有检疫对象，则要采取根除措施。

4. 要选多种立地条件类型做试验

对引入的品种，要用当地有代表性的优良品种为对照，在同一个地区中，要选择不同立地条件进行科学的试验、系统的品种比较试验和区域试验。全面评价其生长结果习性，果实经济性状、品质、抗逆性、抗病性等。可先通过少量试引，初步鉴定其对本地区生态条件的适应性和生产上的利用价值，对试栽观察中表现优良的植株，再进行重复的品种比较试验，以做出更精确的比较鉴定。这可加快引种试验过程，对试引观察（或高接）中经济性状及适应性表现优良的，也可采取控制数量的生产性中间繁殖，并在这一过程中对适应性进一步的观察，等到生产性中间繁殖的植株进入结果时，少量试引观察的植株已进入盛果期，并大体已经历周期灾害气候的考验。这时对其中少数表现优异的引入品种，组织大规模繁殖推广就有较充分的把握。对引种新品种的适应能力的要求，一般应不低于同类型或用途的当地乡土植物。

5. 繁殖推广

经过品种比较试验和区域性试验，或生产性中间繁殖试栽后，通过综合分析，决选出表现适应性好而经济性状优异的优良品种，在进一步了解其品种特性的基础上做出综合评价，划定其最适宜、适宜和不适宜的发展区域，并制定相应的栽培技术措施，然后可以较大规模的繁殖、推广。在繁殖推广过程中，针对核桃的树种特性，以无性繁殖为主要繁殖手段，一是培育核桃成品苗，二是在大树上高接换头，迅速扩大种植面积。

（二）引种的注意事项

1. 要充分了解新引入品种的适应性

引种是把一种植物从一个地区移植到另一个地理气候带栽植。引种前要全面分析植物原产地和引种地的自然条件，这样才能预见引种植物在新地区的生态条件下栽培成功的可能性。对于果树栽培品种来说，由于长期定向选择，往往果实增大了，品质增高了，但抗性却下降了，所以品种的适应性很重要。

核桃的适应性很广，是我国栽培最普遍的果树之一。但不同品种有其不同的适应范围，在一个地区表现好，到另一地区并不一定好。要知道它在引种后的表现，首先要了解这个品种的来源，包括其父、母本，育成单位的地理位置及这个品种有哪些优点和缺点，然后分析它可能的适应性，再通过引种试种，对其性状进行综合评价，表现好的品种再行生产推广，绝不可盲目发展，对新品种不可盲目引种和扩大种植面积，以免造成不应有的损失。生产中这样的例子很多。

2. 要高度重视引种试验的重要性

我国农业推广体系是以地（市）、县农业局、站为主导，由地（市）、县、乡级农技部门进行区域试验，然后向果农推广。而近年来，他们的职能被弱化，生产经营单位和个人走到了他们的前头，引种成功了，可以带来丰厚的利益。在利益驱使下，一些胆大妄为者在引进新品种之后，不加试验就大规模育苗，并投放市场。特别在我国苗木繁育体系的管理和知识产权并不健全的情况下，被一些投机者钻了空子，坑害了果农。有些育苗者故意夸大新品种的优点，弱化新品种的缺点，造成苗木市场混乱，良莠不分，使果树从业者无所适从，农民为此付出了惨重代价。所以引种试验具有重要的现实意义。

3. 要正确认识新品种的特性

新品种与老品种相比，肯定有其长处，但具体到某一地方来讲，新品种不一定就是好品种。每个品种都有自己的特点，也有其适宜范围。如果超出了这个范围，就可能是劣质品种了。更何况如今有了不少假的“新品种”。所以作为生产者，要正确认识新品种，了解清楚了，再引种生产。

对新品种要先引种试种，再扩大种植面积。对品种有个初步了解后，结合当地的气候和市场条件，选择适销对路的品种进行试种。在试种的过程中，对新品种果实的经济性状、植株的生物学特征特性（丰产性、适应性、抗逆性等）充分了解后，再行推广，做到有的放矢。当然，在气候相似的地区就不必多此一举了。

4. 要注意农业推广在引种中的作用

外地的品种引入本地后，有时所在环境条件并不能充分满足它们生长发育的要求，需要采取适当的农业技术措施，使引入类型能够在新的环境中正常生长发育，获得高产优质的新产品。随着农业生产、科学技术的现代化，特别是某些生长调节剂的有效利用，将会有更多的果树种类、品种成功地引入远离现有分布区的新的领域。例如，使用植物生长延缓剂 PP333 可增强核桃树的抗寒性。

引种工作的成败总的包括内外两方面因素。内因方面是选择适当的基因型，使之能满足引种地区综合生态环境的要求。外因方面是采取适当的农业技术措施，使引入类型能够正常地生长结果，提供符合要求的产品。当然，还要考虑有良好的经济效益和市场前景，两者相辅相成，不能偏废。

第三章　核桃高效花果管理技术

第一节　人工授粉

一、人工授粉的必要性

一是核桃属异花授粉果树，风媒传粉，存在雌雄异熟现象，某些品种在同一株树上，雌雄花期可相距 20 多天。花期不遇常造成授粉不良，严重影响坐果率和产量。

二是幼树在开始结果的最初几年，一般只有雌花，2～3 年后才出现雄花。为促进核桃雌花的授粉受精和坐果，对附近没有成龄核桃树的幼龄核桃园，应进行人工授粉。

三是受不良气象因素，如低温、降水、大风、霜冻等的影响，雄花的散粉也会受到阻碍。

四是即便能进行自然授粉，通过人工授粉也能大大提高坐果率。人工授粉一般可比自然授粉提高坐果率 15%～30%。

二、花粉采集

从当地或其他地方健壮的成年树上采集将要散粉的雄花序，摊放在室内 20～25℃ 的干燥环境下，待花粉散出后，筛出花粉装瓶，放在 2～5℃ 条件下保存备用。

三、授粉

最佳时期是雌花柱头呈倒八字形张开时。如果柱头反转或柱头干缩变色，授粉效果会显著降低。

四、授粉方法

人工授粉时，可将花粉用 5～10 倍的滑石粉或淀粉稀释后，用小型喷粉器进行喷授，或将稀释后的花粉装入纱布袋内进行抖授，也可配成1∶5 000的花粉悬浮液进行喷授，还可在树冠不同部位挂雄花序或雄花枝，依靠风力自然授粉。

第二节　保花保果

花果管理，是指直接对花和果实进行管理的技术措施，其内容包括生长期中的花果管理技术和果实采收及采后处理技术。花果管理是核桃现代化栽培中的重要技术措施。采用适宜的花果管理措施，是果树连年丰产、稳产、优质的保证。

核桃花果在发育过程中会出现脱落现象，即核桃落花落果。

一、见花就留

对于花芽少的“小年树”和强旺树，要尽量保留花芽和幼果，必要时“见花芽就留”，使其多结果、坐稳果、结大果，以提高产量。因此在修剪时不要过分强调树形而剪除过多的花芽。

二、补充营养

核桃生理落果一般都由缺肥或缺少微量元素造成，因此，施肥很重要。

1. 花期喷硼

硼是果树不可缺少的微量元素，它能促进花粉发芽、花粉管生长和子房发育，并能提高坐果率和增进果实品质，因此，在盛花期细致地对花朵喷一次300~350倍硼砂加蜂蜜或红糖水，除可满足树体所需要的硼元素外，还可增加柱头黏液，使花粉粒吸收更多的水分和养分，从而提高受精率和坐果率。注意硼砂不溶于凉水而溶于开水，所以硼砂在喷前要先用开水溶化后，再对水喷施。

2. 前期补氮

早施核桃稳果肥。在5月底至6月初用林木增果剂300倍液再加入长效杀虫剂，如吡虫啉、毒死蜱等农药对核桃树进行叶面喷雾，能防治核桃的生理落果，防治核桃的主干、枝梢、幼果及叶部等十多种害虫的幼虫，将它们消灭在初发阶段。

3. 中后期补施磷、钾肥

在核桃果采摘前的 8 月底至 9 月初土施复合肥，每株按其树干的粗细施复合肥 0.5~1.0 千克，以后将核桃采打时所脱落的树叶覆盖在肥料上可防日晒及雨淋，以减少肥料的损失。

三、人工授粉

核桃的雄花花期短，在晴暖的天气情况下一株树的花期约为 3 天，而雌花花期长，且有等待授粉习性。因此，要采集花粉进行人工授粉。

1. 采集花粉

当个别雄花花序开始散粉时，于 8—10 时采集授粉品种的雄花序，采集后的花序要摊于避风向阳的竹席上，下垫白纸，暴晒于日光下 2~3 天，每天傍晚时分收集花粉，用硫酸纸包装好，置于封口塑料袋中，内放硅胶吸湿，封好塑料袋，存放于冰箱内，以备人工授粉用。

2. 授粉

当雌花柱头变紫红色、膨大、出现黏液时是授粉适期。将花粉置于 3 层纱布袋中，挂于竹竿上，人举竹竿在林中边走边抖或将花粉袋（2 层纱布）挂于地势高的风口处，任风吹撒，也可将花粉溶于水中，进行喷洒。

四、降温抗旱

对于高温干旱引起的落花落果，要因地制宜，采取不同的措施。

1. 树盘覆盖、浅翻松土、砍草埋青

将杂草或秸秆覆盖在山核桃树根周围直径 0.5~1 米的范围内，以保蓄林地水分，改善墒情。

2. 喷施抗蒸腾剂、保水剂及叶面施肥等

可以提高树木抗旱能力，防止落果，促进果实生长。

3. 筑小围堰

在坡度较陡的核桃树下坡，用石头筑小堤坎。它一方面可以防止水土流失，抗旱保收，另一方面可以防止树体倒伏。

4. 种植防护林带

为了起到长期的抗旱保水作用，应在冬末春初，在林内按20~25米的距离，环山套种紫穗槐等绿肥林带。一方面可以防止水土流失，另一方面可以一年两次割紫穗槐覆盖树盘，以减少蒸发和增加土壤肥力。

5. 筑水池

筑水池是一种永久性的抗旱措施。在林内浇筑蓄水池或埋设0.5~1.3米的大型塑料蓄水桶，在雨季蓄水，以确保旱天抗灾。

第三节　疏花疏果

一、疏花疏果的意义

花芽过多的树，如留花芽过多，就会因树体积累的养分不足而迫使花朵或幼果互相争夺养分，从而出现大量的无效花和自疏果，或成为“满树花，半树果”，既白耗养分，又不能丰产。因此，对开花过多的树，进行适量的疏花疏果，控制花果数量，既能减少养分的无效消耗，增加有效花，提高坐果率，又能协调后期生殖生长和营养生长的矛盾。这样，树体就有充足的养分供给树体生长和花芽分化，使结果、长树、成花三不误，树势稳定，年年丰产、稳产，有效地克服“大小年”结果现象。

要达到这个目的，关键在于留花留果是否适量。因为产量和留果成正相关，所以留花留果量一定要恰到好处。如留得过多，则果多个小，单果轻，品质差，增果不增产，更不增值；留得过少，果个虽大，单果也重，但个数太少，也不能提高产量。一般按“十成花，对半果”的比例留花。

二、疏花疏果的原则

按树定产，按枝定量，按量留花，花多多疏，花少少疏或不疏，使留花留果尽量合理；弱树多疏，壮树少疏，因枝定量，合理负担，以抑强扶弱；幼壮枝组少疏，老产枝组多疏，使之年年有花，年年有果，年年有枝。

三、疏除时间

疏花疏果均不宜迟，过迟既增多前期养分的无效消耗，又影响果实发育，起不到应有的作用。因此，疏花，宜在盛花期；疏果，宜在落花后半个月。

四、疏除方法

有人工疏除和药剂疏除两种，但是人工疏花疏果安全可靠性更强，化学疏除方法要先小面积试验。

五、留果量

留果量一般根据复叶数或果枝粗度来确定。一般着双果的结果枝需要有 5~6 片正常复叶，才能保证枝条和果实正常发育。具 1~2 片复叶的果枝，难于形成花芽，即使结果，果实也发育不良，这种果枝上的果应疏除。核桃是强枝壮枝结果，粗度 1.0 厘米以上一般能坐果 2~3 个；粗度在 0.8~1.0 厘米可坐果 1~2 个；粗度在 0.7 厘米以下的果枝几乎坐不住果。疏花疏果要因地因园树而定，不要生搬硬套，株株一个样。要留有余地，不要疏过头。有晚霜冻害的地区和病虫害严重的果园，其留花留果量应比实际需留量多 30%~40%，待坐稳果后再行疏果，以便弥补冻害或病虫危害造成的损失。

六、人工疏花疏果

1. 人工疏花

在雄花芽开始膨大时疏除为宜，5 月中旬前完成，以减少养分消耗，确保疏雄效果。

具体操作：可结合修剪进行；保留新梢顶端的强壮混合花序；多疏细弱果枝上的雌花，多疏细短花序，多留粗长花序；较高部位的雄花序可用木钩拉近摘除；疏除90%左右的雄花序。

2. 人工疏果

多疏双果，或密生部位或细弱果枝上的果。

七、药剂疏除

大面积的核桃园，在盛花期喷布一次1 000倍液二硝磷甲酚或2 500倍液萘乙酸，或0.4~0.5波美度石硫合剂。

第四节　高接换优

对于立地条件较好、树龄小于20年、树势较强、无病虫为害的低产实生核桃园，高接后可以获得很好的效果。一般高接后第二年，产量就会达到高接前的水平，第三年超过未高接树。高接后3~5年，整个树冠可恢复到原来大小。

高接一般多在春季砧树萌芽至展叶期间进行，用1年生未萌芽的发育枝作接穗，应用最普遍、效果最好的嫁接方法是插皮舌接法。

嫁接时根据要改接树树龄和树体结构情况分为多头高接和主干高接，依嫁接过程中接穗的保湿方式可分为接包保湿和蜡封接穗保湿两种。蜡封接穗嫁接时操作简便，省工省料，工效高，接后管理环节少，效果好。

高接前对伤流严重的树应在树干基部锯口放水。高接注意事项与苗木嫁接相同。需要特别注意的是，高接后要及时除萌。当接穗新梢长到30厘米左右时，应在接口近处绑设支柱引绑新梢，以防风折。

第四章　核桃高效育苗技术

核桃，又称胡桃、羌桃，与扁桃、腰果、榛子并称为世界著名的“四大干果”，被誉为“万岁子”“长寿果”，主产于云南、山西、陕西等省。近年来，人们对健康与健脑食品的需求日益旺盛，核桃仁的年需求量未来将以5%的速度递增。因此核桃市场发展潜力巨大，前景广阔。

第一节　了解核桃苗

一、核桃苗的种类及其特点

根据苗木的来源，核桃苗可分成两大类，即实生苗和嫁接苗。

1. 实生苗

即用种子播种的方法培育的核桃苗。实生苗的培育方法简单，成苗率高，根系发达，抗性强，但不一定能保持原品种的优良特性，个体间差异比较大，且开始结果时间比较长。实生苗又分为普通实生苗和原种苗两种，原种苗是指用单性杂交培育出的种子繁育的苗子，除有5%的苗子出现不明显变化外，其余无变化现象。所以，此苗可不嫁接直接用来发展核桃园。

2. 嫁接苗

即在砧木苗（实生苗）上嫁接优良品种的核桃苗。嫁接苗能保持接穗的优良特性，个体间比较整齐，结果比较早，但树势衰老也比较早。目前，新建核桃园以嫁接苗为主。其中东北地区一般用野核桃实生苗做砧木嫁接，华北地区原来一般用本地核桃实生苗来嫁接核桃苗。研究发现，在山东、山西、陕西、河北、河南等地用野核桃实生苗嫁接表现良好。其主要特点有3

个：一是野核桃抗旱又耐涝；二是耐瘠薄能力强，贫瘠的山地特别适宜；三是嫁接好的成品苗栽在大田或山坡地后，一年的生长量相当于一般核桃两年的生长量。南方的核桃在河北易出现冬季抽条现象，且相当严重，喷涂了防寒剂的也未能幸免，因此应杜绝在北方使用做砧木。用核桃楸做砧木时，种皮厚，发芽较难，按照处理核桃的方法，出苗率很低，甚至不出苗，应慎用。

二、核桃苗分级标准

据《核桃丰产与坚果品质》（GB 7907—1987），核桃苗的分级标准见表 4-1。

表 4-1　核桃嫁接苗质量等级

项　目	一级	二级
苗高（厘米）	>60	30～60
基径（厘米）	>1.2	1.0～1.2
主根保留长度（厘米）	>20	15～20
侧根条数	>15	

在生产中，要尽量选用一、二级核桃苗，不符合一、二级苗标准的核桃苗不能出圃定植。

鉴别核桃苗木种类和质量。在育苗地随机抽取 10～20 株核桃苗木进行观察。

第二节　育苗地的选择与规划

一、育苗地的选择

核桃的育苗地应选择在背风向阳、地势平坦、土质差异小、地下水位在地表 1～1.5 米的地方。地势低洼的土地，已遭霜冻和积水，不可育苗。

育苗地应选择土层深厚、土壤肥沃、质地疏松、排水良好、

pH 为中性（7~7.5）的地块。

育苗地要有好的灌溉条件，无病虫害。

育苗地要选择在交通方便、有利于生产资料和苗木运输、有利于机械化作业的地块。

育苗地不要重茬，重茬容易造成营养元素的缺乏和有害物质的积累，使苗木质量下降。

二、育苗地的规划

核桃育苗圃规划要科学合理，一般包括采穗园和繁殖区两部分。采穗园主要供应各种优良品种的接穗及自根苗木繁殖材料。采穗园的品种应根据品种区域化的要求进行选择，编号登记，做到品种类型正确无误。为了便于管理，可将繁殖区划分为实生苗培育区、嫁接苗培育区和自根苗培育区。繁殖区要合理轮作倒茬，切忌连作。道路规划、房舍修建、排灌系统的设置和防护林的营造，都要依据便于管理、节约占地的原则进行安排。

第三节 培育核桃苗

核桃嫁接苗由在核桃实生砧木上嫁接优良品种培育而成，因此培育过程基本分为 3 个阶段，即培育实生砧木苗、嫁接、嫁接后管理。

一、影响砧木苗质量的因素

1. 种子质量

种子质量是影响种子发芽的内因，所以购买核桃种子时要选择采收较晚、种仁充实新鲜、无霉变、无虫蛀的当年新核桃做种子，一般每亩*用种子 100 千克。

2. 种子处理方法

核桃秋季播种时，可采用当年采收的成熟带青皮果实直接

---

* 1 亩≈667 平方米，1 公顷 = 15 亩。全书同

播种，不需要任何处理。作为春季播种用的核桃种子，不宜漂白处理，否则影响出苗率，而且应在充分干燥（含水量低于8%）后，进行干燥贮藏或湿沙层积贮藏。隔年或多年的核桃种子，因丧失生命力而不能作为种用。春季播种前，必须进行催芽处理才能保证发芽整齐。

3. 育苗地选择

核桃苗圃地应选在地势平坦、土壤肥沃、土质疏松、背风向阳、排水良好、有排灌条件且交通方便的地方。不宜在重黏土、沙土或盐碱地上育苗，更不能选择重茬地育苗，也不宜在地下水位1米以上的地方做苗圃地。播种前还应该进行施肥和整地。

4. 播种时期和播种技术

核桃种子播种时期因气候条件而不同，例如山西晋中以南地区，秋季土壤不太干旱，春季风沙较小，以秋播最好；晋中以北地区，春季风沙较多，地温回升较慢，以春季覆膜播种较好。秋播时间越晚越好，播后浇水结冰，来年核桃苗齐、苗壮。春季播种一般以播后20天出苗，并且出苗时间晚于晚霜为准，因此，晋中地区常在清明前后播种。

5. 播种后的管理

播种后还需要精心管理，否则苗木生长差，影响嫁接的时间和效果。

二、影响嫁接成活的因子

1. 砧穗间的亲和力

砧穗间亲和力主要与双方亲缘关系的远近有着密切关系。就我国核桃常用的几种砧木而言，核桃与核桃之间、铁核桃与泡核桃之间均属于种内嫁接，亲缘关系近，亲和力较强；而核桃与核桃楸之间为不同种间嫁接，核桃与枫杨为不同属间嫁接，亲缘关系远，其亲和力较差（表4-2）。

表 4-2 核桃常用砧木

砧木	特 点
核桃	共砧或本砧．嫁接亲和力强，成活率高，生长和结果良好，北方地区常用。但应注意种子来源尽可能一致，以免后代个体差异太大
核桃楸	又称山核桃。耐寒、耐旱、耐瘠薄，适宜于北方各省。但是嫁接成活率和保存率不如核桃本砧，高接后易出现“小脚”
铁核桃	也称夹核桃。与泡核桃是同一个种的两种类型，在云南、贵州等地普遍用作泡核桃、娘青核桃、三台核桃等优良品种的砧木

2. 砧木和接穗的质量

砧木的质量主要包括砧木长势、粗度及健壮程度；接穗的质量主要包括接穗长度、粗度、充实度和保鲜程度。通常，接穗越粗、芽子越饱满、髓心越小、失水越少，嫁接成活率越高。

3. 嫁接时期

嫁接时期是影响核桃嫁接成活的主要条件之一。因为嫁接时期可以通过环境条件影响砧木和接穗的生理状态，进而影响嫁接愈合与成活。各地嫁接时期因气候不同而有差异，一般枝接应掌握在砧木苗芽萌动至叶片初展时高接，北方一般在 3 月下旬至 4 月中下旬。芽接以新梢旺盛生长期为宜，北方地区一般在 5—6 月，例如在保定地区，一般在 5 月底 6 月初采用方块芽接。

4. 嫁接技术

实际生产经验证明，核桃嫁接成活率远不如其他果树高，其主要原因是：接穗和砧木含有单宁物质，遇空气易氧化生成黑褐色隔离层，阻碍了接穗和砧木细胞物质的交流；伤流较多，容易使结合部位因水分过多而霉烂；枝条粗壮弯曲，髓心大，叶痕突出，取芽困难，加之芽内维管束（护芽肉）容易脱离，也给嫁接造成困难。为了提高核桃嫁接成活率，需注意做到“深、快、齐、紧、严”。“深”即放水锯口要深，一定要深入木质部，深度为干径的 1/5～1/4。放水时要用锯，易于掌握深度，而不能用镰或刀，以免放水刀口过浅，只割断皮层，起不到放水作用。“快”即嫁接速度要快，嫁接工具要锋利。“齐”即砧穗形成层要对齐，砧穗粗度不一致时要对齐一边。“紧”即砧穗插接要紧，结合部位绑缚要紧。“严”即嫁接部位要上下包严，套保湿塑料膜袋密封要严，套报纸袋遮阳要严。

第四节　砧木的培育

核桃在我国分布广泛，各地使用的砧木也各不相同。可以根据本地的实际情况，选择适应性强、亲和力好、嫁接成活率高的核桃为砧木。

一、砧木的选择

目前，核桃砧木苗多是用种子繁育而成的实生苗。砧木应具有对土壤干旱、水淹、病虫害的抗性，或具有增强树势、矮化树体的性状。砧木的种类、质量和抗性直接影响嫁接成活率及建园后的经济效益。选择适宜于当地条件的砧木乃是保证丰产的先决条件。因此，砧木的选择是很重要的，包括种内不同类型的选择和不同树种及其种间杂交子代的选择两个方面，并着重参考生长势、亲和力和抗土壤逆境与病虫害等指标。

优良砧木的标准是生长势强，能迅速扩大根系，促进树体生长；抗逆性强，尤其是对土壤盐碱的抗性；抗病性强。目前，已开始频繁发生核桃根系病害，因此，应针对生产地区的主要病害，选用抗病性强、嫁接亲和力强的砧木。

培育健壮的优良品种苗木，是发展核桃生产的基础条件之一。我国大部分核桃产区历史上沿用实生繁殖，其后代分离很大，即使在同一株树上采集的种子，后代也良莠不齐，单株间差异悬殊。因此，今后的核桃栽培中，必须推广使用砧木无性繁殖，使用优良的砧木，嫁接优良品种，才能达到高产优质栽培的目的。

（一）核桃

核桃又名胡桃、羌桃、万岁子等，在国内外栽培比较广泛。落叶乔木。一般树高10~30米，最高可达30米以上，寿命可达100~200年，最长可达500年以上。

树冠大而开张，呈自然半圆形或圆头状。树干皮灰白色、光滑，老时变暗有浅纵裂。枝条粗壮，光滑，一年生枝绿褐色，具白色皮孔。混合芽圆形或三角形，隐芽很小，着生在枝条的基部；雄花芽为裸芽，圆柱形，呈鳞片状。奇数羽状复叶，互生，长30~40厘米，小叶5~9片，复叶叶柄圆形，基部肥大，有腺点，脱落后，叶痕大，呈三角形。小叶长圆形，倒卵形或广椭圆形，具短柄，先端微尖，基部心形或扁圆形，叶缘全缘或具微锯齿。雄花序为柔荑花序，长8~12厘米，花被6裂，每小花有雄蕊12~26枚，花丝极短，花药成熟时为杏黄色。雌花序顶生，小花2~3簇生，子房外密生细柔毛，柱头2裂，偶有3~4裂，呈羽状反曲，浅绿色。果实为假核果，圆形或长圆形，果皮肉质，表面光滑或具柔毛，绿色，有稀密不等的黄白色斑点，果皮内有种子1枚，外种皮骨质，称为坚果壳或核壳，表面具刻沟或皱纹。种仁呈脑状，被黄白色或黄褐色的薄种皮，其上有明显或不明显的脉络。

在河北、河南、山西、山东、北京等北方地区，核桃是嫁接的主要本砧。核桃作本砧嫁接亲和力强，接口愈合牢固，我国北方普遍使用。其成活率高，生长结果正常。但是，由于长期采用商品种子播种育苗，实生后代分离严重，类型复杂，在出苗期、生长势、抗性及与接穗的亲和力等方面都有差异。因此，培育出的嫁接苗也多不一致。

（二）泡核桃

泡核桃又名铁核桃、漾濞核桃等。落叶大乔木，一般树局10~30米，寿命一般为100~200年，最长可达600年以上。树干皮灰褐色，老时皮灰褐色，有纵裂。一年生枝浅绿色或绿褐色，光滑，具白色皮孔。奇数羽状复叶，长 60 厘米左右，小叶 9~13 片，顶叶较小或退化，小叶呈长圆形或椭圆披针形，基部斜形，先端渐小，叶缘全缘或微锯齿，表面绿色光滑，背面浅绿色。雄花序为柔荑花序，长 5~25 厘米，每小花有雄蕊 25 枚。雌花序顶生，小花 2~4 朵簇生，柱头两裂，初时粉红色，后变为浅绿色。果实为核果，圆形黄绿色，表面被柔毛，果皮内有种子 1 枚，外种皮骨质，称为果壳，表面具刻点状，果壳有厚薄之分。内种皮极薄，呈浅棕色，有脉络。

泡核桃主要分布于我国西南各省，坚果壳厚而硬，果形较小，难取仁，出仁率低，壳面刻沟深而密，商品价值低。泡核桃是娘青核桃、三台核桃、大白壳核桃、细香核桃等品种的良好砧木，亲和力强，嫁接成活率高，愈合良好，无大、小脚现象。用泡核桃嫁接泡核桃的方法在我国云南、贵州等地已有 200 多年的历史。

（三）核桃楸

核桃楸又名山核桃、楸子核桃等。落叶乔木，高达 20 米以上。树冠长圆形，树干通直，皮灰色或暗灰色，交叉纵裂，裂缝菱形，小枝灰色粗壮，有腺毛，皮孔白色隆起。芽三角形，顶芽肥大、侧芽小，被黄褐色柔毛。奇数羽状复叶互生，长 6~18 厘米，宽 3~7.6 厘米，叶总柄有褐色腺毛，小叶 9~17 片，柄极短或无柄，长圆形或卵状长圆形，基部扁圆形，先端渐尖，边缘细锯齿，表面初时有毛，后光滑，背面密生短柔毛。雄花序长 10~30 厘米，着生小花 240~250 朵，萼片 4~6 裂，每小花有雄蕊 4~24 枚，花丝短，花药长，杏黄色。雌花序有 5~7 朵小花，串状着生于密生柔毛的花轴上。花萼 4 裂，柱头两裂呈紫红色。果实卵形或卵圆形，先端尖，果皮表面有腺毛，成熟时不开裂。坚果长椭圆形，先端锐尖，表面有 8 条纵棱脊，壳和内隔壁坚厚，内种皮很薄，呈暗黄色。

核桃楸主要分布在我国东北和华北各省，垂直分布海拔 2 000 米以上。其根系发达，适应性强，十分耐寒，是核桃属中最耐寒的一个种，也十分耐干旱和瘠薄。果实壳厚而硬，难取仁，表面壳沟密而深，商品价值低。核桃楸野生于山林中，种子来源广泛，育苗成本低，能增加品种树的抗性，扩大核桃的分布区域。但是，核桃楸嫁接品种，后期容易出现小脚现象，而且其嫁接成活率和成活后的保存率都不如核桃砧木。

（四）野核桃

野核桃为落叶乔木或小乔木，由于其生长环境的不同，树高一般为5~20米。树冠广圆形，一年生枝灰绿色，具腺毛。奇数羽状复叶，一般40~50厘米，长者达100厘米以上，小叶9~17片，卵状或倒卵状，短圆形，无柄，基部扁圆形或心脏形，先端渐尖。叶缘细锯齿，表面暗绿色，有稀疏的柔毛，背面浅绿色，密生腺毛，中脉与叶柄具腺毛。雄花序长20~25厘米，雌花序有6~10朵小花呈串状着生。果实卵圆形，先端急尖，表面黄绿色，有腺毛。种子卵圆形，种壳坚厚，有6~8条棱骨，内隔壁骨质，内种皮黄褐色极薄，脉络不明显。

野核桃主要分布于江苏、江西、浙江、湖北、四川、贵州、云南、甘肃、陕西等地，常见于湿润的杂林中，垂直分布于海拔为800~2 000米。果实个小，壳硬，出仁率低，多用作核桃砧木。但是，嫁接容易出现小脚现象，而且其嫁接成活率不如核桃砧木。

（五）河北核桃

河北核桃又名麻核桃。落叶乔木，树高10~20米。树干皮灰色，光滑，老时有浅纵裂。小枝灰褐色粗壮光滑。叶为奇数羽状复叶，长45~80厘米，小叶7~15片，长圆形或椭圆形，顶端渐尖，茎部歪斜、圆形，边缘全缘或微锯齿，表面深绿色，光滑，背面灰绿色，疏生短柔毛，脉腋间有簇生。雄花序顶生，长20~25厘米，小花2~5个簇生，花序轴有稀疏腺毛，雌花序3~8朵，小花串状着生于被有短茸毛的花轴上，每花序着果1~4个，果实近圆形，微有毛或光滑，浅绿色，先端凸尖，坚果长圆形，顶端短尖，有明显或不明显的6~8条脊棱，缝合线隆起，壳坚厚不易开裂，内隔壁发达骨质，种仁难取。该种是核桃和核桃楸的天然杂交种。

河北核桃在中国北京、河北、辽宁等地有生长，主要分布于河北、天津、山西和北京的部分山区。因其内果皮质地坚硬，花纹多样，多被用于把玩，所以又名文玩核桃。用麻核桃作核桃砧木，亲和力较强，生长势旺，抗寒性强，是一种优良的核桃砧木。

（六）黑核桃

黑核桃是落叶大乔木，树高可达40米以上，树冠圆形或圆柱形。树皮暗褐色或灰褐色，纵裂深。一年生枝灰褐色或暗灰色，具灰色茸毛，皮孔稀而凸起。顶芽阔三角形，侧芽三角形，较小。奇数羽状复叶、小叶15~23片，近于无柄，小叶卵状披针形，基部扁圆形，先端渐尖，边缘有不规则的锯齿，表面微有短柔毛或光滑，背面有腺毛。雄花序长5~12厘米，小花有雄蕊20~30枚。雌花序顶生，小花5~11朵簇生。果实圆球形，浅绿色，表现有小凸起，被柔毛。青皮成熟时与坚果壳不分离，坚果为圆形稍扁，先端微尖，壳面有不规则的深刻沟，壳坚厚，难开裂。

黑核桃原产于北美，目前在中国北京、南京、辽宁、河南等地都有生长。用黑核桃作核桃砧木，抗寒性强，较抗线虫和根腐病，有矮化及早实的作用，有黑线病。

（七）奇异核桃

奇异核桃是美国黑核桃与普通核桃的自然杂交种。该树种杂种优势明显，速生性状强，适生范围广，不仅是核桃生产中的重要砧木资源，还是城镇绿化和农田林网化的优良材料。用奇异核桃作核桃砧木，不仅树体生长势强壮，而且树体抗黑线病、根颈朽等病害，对根部寄生线虫也有较大的耐受性，具有很高的经济、生态和社会价值。但奇异核桃为异花授粉，故利用实生苗繁殖面临繁育系数低、核桃苗供给受季节限制性强等问题。

二、种子的采集与储存

种子质量直接关系砧木苗的长势。应选择丰产、优质、抗逆性强、生产健壮、无严重病虫害、坚果种仁饱满的盛果期树作为采种母树。采种应在坚果充分成熟后进行。充分成熟的核桃种子，其外部形态特征是青皮由绿变黄并出现裂缝，青皮与坚果（种子）易分离。作为播种用的种子，可在全树核桃青皮开裂率达到35%以上时采收，或者随着坚果的自然落地，每隔2~3 天捡拾 1 次。

用作砧木的核桃种子要粒大饱满，每千克 120 粒以下，不进行漂白处理，自然晾晒干，否则影响出苗率。用作秋播的种子不必长时间贮藏，晾晒也不必干透，一般采后 1 个多月即可播种。春播用的核桃种子，应在充分干燥（含水量低于 4%~8%）后，进行干燥贮藏或湿沙层积贮藏。隔年或多年的核桃种子，因丧失生命力而不能作为种用。

核桃种子一般用干燥贮藏。将干燥的种子装入麻袋中，堆放于通风、阴凉、干燥、光线不能直接射入的房内。贮藏期间应经常检查，避免鼠害和霉烂、发热等现象发生。种子数量不多时，可装入布袋内，挂在通风凉爽的室内或棚下贮藏。种子如需过夏，则应密封干藏，即将种子放入双层塑料袋内，并放入干燥剂密封，然后放入温度在-5~5℃、相对湿度在 60%以下的种子库或贮藏室内。

除室内干藏以外，也可采用室外冬季湿沙贮藏法（即层积处理法），一般于 12 月选择排水良好、背风向阳、无鼠害的地方，挖掘贮藏坑。一般坑深为 0.7~1 米，宽 1~1.5 米，长度依种子多少而定。种子贮藏前应进行选择，即将种子泡在水中，将漂浮于水上、种仁不饱满的种子挑出。种子浸泡 2~3 天后取出并沙藏。先在坑底铺一层湿沙（以手握成团不滴水为度），厚约 10 厘米，放上一层核桃后用湿沙填满核桃间的空隙，厚约 10 厘米，然后再放一层核桃，再填沙，一层层直到距坑口 20 厘米处时，用湿沙覆盖与坑口持平，上面用土培成脊形。同时在贮藏坑四周挖排水沟，以免积水浸入坑内，造成种子霉烂。为保证贮藏坑内空气流通，应于坑的中间（坑长时每隔 2 米）竖一草把，直达坑底。坑上覆土厚度依当地气温高低而定。早春应随时注意检查坑内种子状况，不要使其霉烂。

三、种子的处理

核桃种子的播种分为秋播和春播。播种季节不同，种子处理也各异。秋播种子不需任何处理，可直接播种；春季播种干种时，播种前都应进行浸种处理，待种子充分吸水后再播种。为了确保发芽，一般主要采用以下处理。

（一）层积沙藏法

核桃楸和野核桃种子的休眠期很长，采集后应进行层积沙藏。层积沙藏的具体方法：选择排水良好、背风遮阴、没有鼠害的地点，挖贮藏沟。一般坑深 0.7～1.0 米，宽 1.0～1.5 米，长度由贮藏量决定。坑底先铺 1 层湿沙，厚约 10 厘米，上铺 1 层核桃，再铺 1 层厚约 10 厘米的湿沙，如此层层向上埋，至坑口 10～20 厘米时，再盖湿沙与地面平，沙上培土成屋脊形。湿沙埋藏的种子，可以带青皮，也可用干种。但干种沙藏时，应先用冷水浸种 2～3 天后埋藏，刚脱去青皮的种子埋藏时可不浸种。湿沙贮藏的种子，出苗整齐，苗势健壮。但湿度掌握不好时，种子易霉烂，应注意勤检查。

（二）冷水浸种法

冷水浸种的具体方法：将种子放在缸（或桶）等容器中，倒入冷水，水量以埋住或超过种子为宜，为防止种子上漂，上边可加一木板再压上石头。浸泡 7～10 天，每天换 1 次水，或将核桃种子装入麻袋放在流水中，待吸水膨胀裂口时，即可播种。

（三）冷浸日晒法

冷浸日晒法是将冷水浸种法与日晒处理结合。将冷水浸泡过的种子置于强烈的阳光下暴晒几小时，待90%以上的种子裂口时，即可播种。如不裂口的种子占20%以上时，应把这部分种子拣出再浸泡几天，然后日晒促裂，剩少数不裂口的可人工轻砸种子尖部，然后再播种。

（四）温水浸种法

温水浸种的具体方法：将种子放在80℃温水缸中，用木棍搅拌，自然降至常温后，再浸泡8~10天，每天换一次冷水，待种子有部分膨胀裂口后，捞出播种。

（五）开水浸种法

开水浸种的具体方法：当种子未经沙藏而急需播种时，可将干种放入缸内，然后倒入1.5~2倍于种子量的沸水，随倒随搅拌，使水面浸没种子，2~3分钟后，水温不烫手时即加入凉水，浸泡数小时后捞出播种。此法还可同时杀死种子表面的病原菌，多用于中、厚壳核桃种子，薄壳核桃不能用开水浸种。

四、播种

（一）苗圃地准备

整地是苗木生产的一项重要措施。整地前，每亩施入腐熟有机肥5 000~8 000千克和过磷酸钙50千克，深翻土壤，深度为35~40厘米；按作业方式做畦起垄；用塑料薄膜覆盖20天左右，进行高温土壤消毒，做好播种前准备。

（二）播种时期

核桃播种可分为秋播和春播。播种期主要根据当地的气候条件来选择，如当地春季风沙大，而秋季墒情又好，则以秋播为宜。而且，秋播的种子可不必处理。因此，北方地区应以秋播为主，秋播可延长到浇封冻水之前进行。但缺点是：若秋播过早，则气温较高，种子容易霉烂；若秋播过晚，则土壤已冻结。由于有些地方秋播种子易遭受鼠害、兔害，所以，常在春季播种育苗，即在土壤解冻之后3月下旬或4月初进行。

(三) 播种方法

畦床播种，畦面的宽度为1米，每畦面点播2行，每个畦面内行距60厘米，距畦垄20厘米；整个苗圃地出现宽窄行，宽行60厘米，窄行40厘米，株距20厘米。

一般均用点播法播种。播种时，可将胚根根尖掐去1毫米，促使侧根发育，根尖向下入土，缝合线与地面垂直。播种深度一般以6~8厘米为宜，可挖浅沟灌水后再播种，然后覆土。

垄作播种应先整地做垄，垄宽50厘米，高20厘米，垄距50厘米，株距20厘米左右。播种采用点播法。点播时，要注意将种子的合缝线与播种沟平行，露白的一端是将来小苗的根部，播种时此端要向下。播后覆土5~10厘米。畦播可浅些，垄作要深些；春播可浅些，秋播宜深些。

目前，核桃播种方式为人工播种，但其播种劳动强度大，播种速度慢，导致播种成本高；而核桃播种机，它能够自动播种核桃，节约了劳动力，而且播种速度快，省时省力，降低种苗成本。今后应推广核桃机械播种。

五、苗期管理

核桃播种后，全年生长可分为出苗期、幼苗期、速生期、苗木成熟期4个时期。出苗期是从播种至苗木真叶展开，地下出现侧根；幼苗期为真叶展叶至长出2~3片真叶时期，此时地下生侧根，一般到6月；6—8月为速生期，幼苗生长加快；苗木成熟期是从8月下旬至10月下旬，新梢停止生长，落叶休眠。核桃播种以后，经催芽的种子，15~20天开始发芽出土；其他方法处理的种子要3~5周苗木出齐。

幼苗大量出土时，及时检查出苗情况，若出苗不足，要进行补苗。补苗时，可用催芽的种子点播，也可将边行或多余的幼苗带土移栽。过密苗要进行间苗，以使苗木分布均匀，间距适当。

为了促进苗木生长，要加强水肥管理。5—6月是苗木生长的关键时期，追肥以氮肥为主，如尿素，每亩沟施10~15千克。追肥后灌水。灌水量以浇透为标准。要及时清除杂草，防止杂草与小苗争夺营养。同时疏松土壤，更利于小苗生长。

7—8月，是苗木生长的旺盛期，此时雨量较多，灌水应根据情况灵活掌握。在雨水多的地区或季节应注意排水，防止苗木受涝害。施肥应以磷钾肥为主。砧木长到30厘米高时，可通过摘心促进基部增粗。

9—11月一般灌水2~3次，特别是最后一次封冻水，应保证浇透。苗期应注意防治细菌性黑斑病、象鼻虫、金龟子、大青叶蝉等病虫害。

第五节　嫁接技术

我国是核桃资源大国，优良品种很多，如薄壳香、香玲、岱香和秋香等，但由于嫁接技术不过关，成活率低，限制了良种核桃在生产中的推广应用，核桃良种的生产潜能没有充分发挥。近几年，由于嫁接技术的不断突破，使优良核桃品种能在生产中大面积推广，从而加速了我国核桃的良种化进程。

一、核桃夏季芽接技术

（一）嫁接方法

采用夏季方块形芽接方法，此方法操作简便，成活率高。要求砧木为当年生新梢。先在砧木上切一长3~4厘米、宽2~3厘米的方块，将树皮挑起，并在切口左下角或右下角切除2毫米的树皮，成为导流口。再在接穗上取下远小于砧木切口的方块形芽片（芽内维管束要保持完好）。然后，迅速镶入砧木切口，留下导流口，用塑料薄膜绑紧接口即可。

（二）砧木苗处理

一年生实生砧木苗在原苗圃地不动，3月发芽前于地面平茬，促发新梢。平茬后注意及早抹除多余萌芽，保留一个旺盛生长的萌芽，每株促发一个新梢。平茬后沟施尿素每亩 20 千克，并及时浇水、除草松土。芽接前如土壤干旱，前 5 天灌水。

（三）接穗培育

一年生品种芽接苗在原苗圃地不动，3 月发芽前于芽接部位以上 5 厘米处重短截，促发新梢。短截后注意及早抹除砧木萌芽，品种萌芽抽枝后，可再短截一次，以剪除抽生的果枝，促使品种隐芽萌发。保留 2~3 个旺盛生长的发育枝，每株促发 2~3个新梢为接穗。短截后沟施尿素每亩 20 千克，并及时浇水、除草松土。芽接前如土壤干旱，前 3 天灌水。

3~5 年生品种幼树也可为芽接采穗树，3 月发芽前于 2~3 年生枝光滑部位重短截，截留长度为 20 厘米左右，依原树形进行重短截（中更新），剪除所有的一年生枝，促发新梢。短截后注意及早抹除全树萌芽，以促发隐芽第二次萌发。第二次萌发后及时剪除结果枝和过密的生长枝，保留的接穗枝条要分布均匀合理。短截后沟施尿素每株 0.8 千克，并及时浇水、除草松土，叶面施肥 2~3 次。芽接前如土壤干旱，前 3 天灌水。

（四）嫁接时期及接芽选择

山东适宜的芽接时期为 5 月底至 7 月上旬。若芽接过早，则枝嫩取芽困难，且气温低，不易成活；若芽接过晚，则嫁接芽当年不萌发或萌发后生长量小，组织不充实而不易越冬。避免在连阴雨天进行嫁接。

选择新梢旺盛生长中、半木质化以下、生长健壮、无病虫害的当年生发育枝为接穗；无芽座、芽体小、不完全成熟的芽（叶芽或混合芽）为接芽。

（五）嫁接后砧木处理

芽接部位在地面以上 20 厘米左右，芽接部位以上保留 1~2 片复叶去头，芽接部位以下全部复叶去除。

（六）芽接苗的管理

1. 除萌

及时抹除砧木萌芽，芽接20天以后接芽才开始萌发抽条，在没有确定接芽完全死亡前，应及时去除砧木萌芽。

2. 回剪与松绑

接芽完全愈合萌发抽生5~10厘米长的新梢时，剪除接芽以上的两片复叶，但不能回剪到接芽处，接芽以上保留1~2厘米。接芽新梢长15~20厘米时，可除去塑料绑条，并回剪到接芽处，以利于嫁接部位的完全愈合及新梢的直立生长。

3. 芽接后的土肥水管理

在没解除塑料绑条且新梢小于20厘米时，不能浇水，否则降低嫁接成活率。新梢长20厘米以上时，再进行浇水和施肥，前期施氮肥，亩施尿素20千克，后期施用氮、磷、钾复合肥，8月亩施复合肥50千克。9月以后要控肥控水，抑制新梢生长，提高苗木的成熟度。

苗圃地锄草要锄早、锄小、锄了，保持苗圃地无杂草丛生，减少病虫害的发生。

二、核桃硬枝嫁接技术

（一）影响核桃硬枝嫁接成活的主要因素

嫁接后能否成活，除亲和力外，还决定于砧木和接穗的形成层间能否相互密接产生愈合组织。待愈合组织形成后，细胞开始分化，愈合组织内各细胞间产生胞间连丝，把彼此的原生质互相连接起来。由于形成层的活动，向内形成新的木质部，向外形成新的韧皮部，把输导组织沟通起来，砧、穗上下营养交流，使暂时破坏的平衡得以恢复，称为一个新的植株。

影响砧穗结合与成活的主要因素是砧木和接穗的亲和力，其次是砧穗质量和嫁接时的接口湿度和技术。砧木和接穗的贮藏养分多少、愈合组织产生的快慢、有无流伤及单宁物质等对接口愈合均有密切关系。

1. 接穗失水率

接穗水分损失是影响核桃愈伤组织形成的主要因素。接穗失水越多，核桃愈伤组织形成量越少；接穗失水率与愈伤组织的生长量呈显著的负相关。核桃接穗失水率超过 11.75%，愈伤组织形成的接穗百分率和愈伤组织的生长量显著下降，也不能用于嫁接，该失水率称为核桃愈伤组织形成的接穗失水临界值。

2. 温度

温度也是影响核桃愈伤组织形成的主要因素。温度是影响核桃嫁接成活的主要因素之一。核桃愈伤组织形成的适宜温度范围为 22~27℃，但温度越高愈伤组织形成的越早。

（二）硬枝接穗的采集和运输

1. 接穗的选择

选接穗前首先应选好采穗母树。采穗母树应为生长健壮、无病虫害的良种树，也可建立专门的采穗圃。接穗的质量直接关系嫁接成活率的高低，应加强对采穗母树或采穗圃的综合管理。穗条为长 1 米左右、粗 1.5 厘米，生长健壮，发育充实，髓心较小，无病虫害的发育枝或徒长枝。一年生穗条缺乏时，也可用强壮的结果母枝或基部二年生枝段的结果母枝，但成活率较低。

2. 接穗的采集

硬枝接穗从核桃落叶后，直到芽萌动前都可进行采集。各地气候条件不同，采穗的具体时间不一样，北方核桃抽条严重，冬季或早春枝条易受冻害，因此宜在秋末冬初采集接穗。此时采的接穗只要贮藏条件好，防止枝条失水或受冻，均可保证嫁接成活。冬季抽条和冻害轻微的地区或采穗母树为成龄树时，可在春季芽萌动之前采集。此时接穗的水分充足，芽处于即将萌动状态，嫁接成活率高，可随采随用或短期贮藏。

枝接采穗时宜用手剪或高枝剪，忌用镰刀削。剪口要平，不要剪成斜茬。采后将穗条按长短粗细分级，每30~50条一捆，基部对齐，剪去过长、弯曲、不成熟的顶梢、有条件的用蜡封上到口，最后用标签标明品种。

3. 接穗的贮运

枝接所用接穗最好在气温较低的晚秋或早春运输；高温天气易造成接穗霉烂或失水。严冬运输应注意防冻。接穗运输前，要用塑料薄膜包好密封。长途运输时，塑料包内要放些湿锯末。

接穗就地贮藏过冬时，可在阴暗处挖宽1.2米、深80厘米的沟，长度按接穗的多少而定。然后将标明品种的成捆接穗放入沟内（若放多层）每层中间应加10厘米厚的湿沙或湿土，接穗上盖20厘米左右的湿沙或湿土，土壤结冻后加沙（土）厚至40厘米。当土壤温度升高时，应将接穗移入冷库等温度较低的地方。

（三）硬枝嫁接时期

核桃的嫁接时期，因地区、气候条件和嫁接方法不同而异。一般来说，室外枝接的适宜时期是从砧木发芽至展叶期。北方多在3月下旬至4月下旬；南方则在2—3月。芽接时间：北方地区多在5月至7月中旬，其中以5月下旬至6月中旬最佳；云南则在2—3月。

（四）嫁接方法

1. 插皮舌接

在适当位置剪断砧木，削平锯口，然后，选砧木光滑处由上至下削去老皮，长6~8厘米；将接穗削成长5~7厘米的大削面，刀口一开始就向下切凹，并超过髓心，而后斜削，保证整个斜面较薄；用手指捏开削面背后皮层，使之与木质部分离，然后将接穗的皮层盖在砧木皮层的削面上，最后用塑料绳绑紧接口。此法应在皮层容易剥离、伤流较少时进行。注意接前不要灌水，接前3~5天预先锯断砧木放水。

2. 舌接

此法主要用于苗木嫁接。选择根径 1~2 厘米的 1~2 年生实生苗，在根以上 10 厘米左右处剪断，然后选择与之粗细相当的接穗，剪成 12~14 厘米长的小段。将砧、穗各削成 3~5 厘米长的光滑斜面，在削面由上往下 1/3 处用嫁接刀纵切，深达 2~3 厘米，然后将砧、穗立即插合，双方削面要紧密镶嵌，并用塑料绳绑紧。

3. 插皮接

先剪断砧木，削平锯口，在砧木光滑处，由上向下垂直划一刀，深达木质部，长约 1.5 厘米，用刀尖顺刀口向左右挑开皮层。先将接穗一侧削成一大削面（开始时下削，并超过中心髓部，然后斜削），长 6~8 厘米；然后将大削面背面 0.5~1 厘米处往下的皮层全部切除，稍露出木质部。插接穗时要在砧木上纵切，深达木质部，将接穗顺刀口插入，接穗内侧露白 0.7 厘米左右，使二者皮部相接，然后用塑料布包扎好。

（五）硬枝接技术关键

接穗削面长度宜大于 5 厘米，并且要光滑。接穗插入砧木接口时，必须使砧、穗的形成层相互对准密接。蜡封接穗接口要用塑料薄膜包扎严密，绑缚松紧适度；对未蜡封的接穗可用聚乙烯醇胶液（聚乙烯醇：水=1：10，加热熔解而成）涂刷接穗以防失水。

（六）砧木选择与处理

选择砧木应根据不同栽培区域的生态条件和当地生产情况，确定合适的砧木类型。砧木苗应为一至二年生，直径在 2.0 厘米以上。控制伤流的方法如下。

砧苗断根放水，用铁锹在主根 20 厘米处截断，降低根压，减少伤流。

刻伤放水，在砧木苗干基部用刀刻伤口深达木质部放水。

室内枝接。核桃室内枝接是利用出圃的实生苗作砧木，在室内进行嫁接的方法，能有效地避免伤流液对嫁接成活的不良影响。选用1~2年生，基部粗度2厘米以上实生苗作为砧木，起苗后运到室内嫁接，在根颈以上10~12厘米平滑顺直处剪断，对起苗损伤的根系稍加修剪，要求当天砧木当日必须接完，做到有苗而不积压。坚持随嫁接随定植的原则，采用双行三角形方法定植在塑料大棚内已开好沟、上足肥的定植沟内，株距15~20厘米，行距30~35厘米，覆土后要浇透水，水渗后用细土盖填裂缝。

（七）枝接苗的接后管理

1. 除砧苗萌芽

嫁接后的砧木上容易萌发大量萌蘖，应及时抹除接芽之外的其他萌芽，以免与接穗和接芽争夺养分，影响接穗和接芽生长。核桃枝接一般需要除萌蘖2~3次，芽接一般需要除萌蘖1~2次。嫁接未成活的植株，可选留一条生长健壮的萌蘖，为下次嫁接做准备。

2. 立支柱绑缚嫁接苗，以防风折

一般解绑绳与立支柱同时进行。室外枝接的苗木，因砧木未经移栽，生长量较大，可在新梢长到30厘米以上时及时解除绑缚物。

接芽萌发后生长迅速，枝嫩复叶多，易遭风折。可在新梢长到20厘米时，在旁插一木棍，用绳将新梢和支棍绑结，起固定新梢和防止风折的作用。

3. 肥水管理

嫁接苗成活之前一般不进行施肥和灌水。嫁接大约30天后，新梢长到10厘米左右时，应加强水肥管理。可将追肥、灌水与松土除草结合起来进行。前期应以氮肥为主，后期增施磷钾肥，以免造成后期旺长。也可在8月下旬至9月上旬对苗木进行摘心，促进枝条充实，防止冬季抽条。

4. 病虫害防治

核桃嫁接期间的虫害主要有黄刺蛾和棉铃虫，以高效氯氰菊酯等杀虫剂为主。后期容易感染细菌性黑斑病，要在7月下旬每隔15天喷1次农用链霉素或其他细菌性病害杀菌剂，共喷3~4次。9月下旬至10月上旬，要及时防治大青叶蝉在枝条上产卵。

三、核桃硬枝生根无性繁殖技术

（一）苗床的准备

苗床用于生根材料平栽、平埋，由苗根系床和生根床组成，两床之间在嫁接苗的嫁接口处或实生苗的根颈处用带“U”形口的塑料板隔开。苗根系床宽50厘米，深50厘米。苗根系基质由优质土壤、腐熟好的农家肥和珍珠岩按3∶1∶1混合组成。生根床深25厘米，宽度根据苗木嫁接口以上枝条的长度而定。生根基质为过筛的干净的河沙，或草炭土，或过筛的干净的河沙与田园土按4∶1混合组成。生根基质喷施80%的多菌灵可湿性粉剂800倍液杀菌消毒，以防病菌的滋生。

（二）生根材料处理

苗木的标准为：芽饱满，枝条完全木质化、粗壮、根系发达、无病虫害。土壤解冻至苗木萌动前，挖出生根材料，剪除烂根，短截过长根及断根，并将苗木冲洗干净，喷施80%的多菌灵可湿性粉剂800倍液，杀菌消毒。

（三）生根材料上床平栽、平埋

3月上旬（苗木萌动前），把苗木根系平栽在苗根系床内；嫁接苗嫁接口、实生苗根茎以上的枝条平放在生根床内，平埋到生根床上。塑料隔板“U”形口卡在嫁接口或根茎上，以分开苗根系床和生根床。相邻苗间隔20~30厘米。用苗根系床基质填埋苗木根系，踏实后高出根系20厘米，浇透水；生根床基质填埋生根床，厚20厘米左右，浇透水，覆盖草帘保湿。

（四）平埋后的管理和生根剂处理

苗木根系床要保持良好的墒情，及时浇水、施肥和除草。生根床每周喷1次水，保持其一定的湿度而不干燥。平埋后15~20天，苗木干上萌生嫩枝，及时去除嫁接口以下（苗根系床内）的嫩枝。一般平埋20~30天后，每个新梢长出3~4对复叶时，第一次沿新梢基部浇施浓度为70毫克/千克的ABT 1号生根粉溶液。此后，间隔30天浇施1次，共浇施3次。

第六节　苗木出圃

一、起苗

（一）起苗前准备

起苗前，必须对所培育的嫁接苗的数量和质量进行抽样调查。根据调查结果制订起苗计划。核桃是深根性树种，主根发达，起苗时根系容易受损，且受伤后愈合能力差。因此，保护好核桃苗根系对移栽成活率影响很大。为减轻根系损伤并使起苗容易，应在起苗前1周灌1次透水，使苗木吸足水分。

（二）起苗方法

由于我国北方核桃幼苗在圃内具有严重的越冬抽条形象，所以起苗时间多在秋季落叶后至土壤封冻前进行。对于较大的苗木或抽条较轻的地区，也可在春季土壤解冻后至萌芽前进行。核桃起苗方法有人工和机械起苗两种。机械起苗用拖拉机牵引起苗犁进行。人工起苗要从苗旁开沟、深挖，防止断根较多。挖出的苗木不能及时运走或栽植时必须临时假植。对少量的苗木也可带土起苗，并包扎好。要避免在大风或下雨天起苗。

二、苗木分级与假植

（一）苗木分级

苗木分级是保证出圃苗木的质量，提高建园栽植成活率和整齐度的重要工作。核桃苗木分级应根据类型而定。对于嫁接苗，要求品种纯正，砧木正确；地上部枝条健壮、充实，具有一定的高度和粗度，芽体饱满，根系发达，须根多，断根少；无检疫对象、无严重病虫害和机械损伤；嫁接部位愈合良好。在此基础上，根据嫁接口以上的高度和接口以上5厘米处的直径将核桃嫁接苗分为六级。

（二）苗木假植

起苗后不能及时外运或栽植的苗木必须进行假植。假植分为短期假植和长期假植（越冬假植）。假植地点应选择地势较高、排水好、较干燥的沙性壤土地块。短期假植一般不超过10天，可开浅沟，用湿土将根系埋严即可，干燥时及时洒水。长期假植时，应选择地势平坦、避风、排水良好、交通方便的地块挖假植沟。沟深1米、宽2米，长度依苗木数量而定。沟的方向应与主风向垂直，沟底要铲平。在沟的一端堆起30°左右的土坡，在坡底挖出宽20~30厘米、深15厘米的凹沟。将树苗的根部放在凹沟内，平放一层，互不叠压，在根部均匀撒土盖严，埋根露梢。再向后退50厘米挖同样的凹沟，同样放好树苗，依次类推，排放埋土。最后给整个假植沟盖土，土层厚20厘米左右。为了预防苗木受冻，冬季寒冷时，可以将土层加厚。这样，苗木就可以安全过冬了。

三、苗木检疫

为确保核桃苗木质量，保证核桃生产可持续发展，核桃苗木检疫工作是一项重点工作。根据中华人民共和国农业部2006年3月公布的《全国农业植物检疫性有害性生物名单》，其中与果树有关的昆虫10种、线虫1种、真菌2种、细菌2种、病毒1种。目前，因直接危害核桃而被专门列为检疫对象的病虫害还没有。

四、苗木包装与运输

核桃苗木要分品种和等级进行包装。包装前应将过长的根系和枝条进行适当修剪。一般20~50株捆成一捆，挂好标签，将根系蘸泥浆保湿。然后用塑料薄膜等包好，将吸饱水分的卫生纸团、锯末等塞于苗木根部缝隙间，排出空气、扎塑料袋口及编织袋口，包装外再贴标签，标明品种、等级、苗龄、数量和起苗日期等。

苗木外运最好在晚秋或早春气温较低时进行。长途运输要加盖苫布，并及时喷水，防止苗木干燥、发热和发霉，冬季运输应注意防冻，到达目的地后立即进行假植。

第五章　核桃优质高效建园与栽植技术

第一节　园地的选择及规划设计

一、园地的选择

虽然核桃具有分布范围广、适应性强等特点，但其对生存环境条件也有比较严格的要求，只有正确认识其特性，才能做到适地适树，从而提高其生产效益。例如，在农村好多人认为核桃适宜于阴坡，其实，只是因为在水肥较差的栽培条件下，分布在阴坡的核桃树要比在阳坡的表现要好而已，这并不是核桃真实特性的反映。

优质核桃规模化栽培园的建立，不仅要考虑以后核桃园的肥水来源、果品贮藏、运输、机械化管理等问题，还必须根据核桃树生长发育规律、品种特性充分考虑其对外界自然条件的要求，以正确选定园址。具体情况可依据第一章核桃对环境条件的要求中的有关内容选择园址。

二、园地的规划设计

以前，核桃大多栽植在田边、地堰或利用四旁隙地零星栽植，近年来成片栽植逐渐增多。随着土地的科学利用和机械化程度的提高，园地选择与规划成为一项十分重要的工作。园地选定后，应根据建园任务与当地自然条件，本着集约化、规模化，充分利用土地、光能、空间的原则和便于经营管理来全面规划。规划的内容包括小区的划分、道路系统的安排、管护房的设置、排灌系统的设计、防护林的营造、山地水土保持工程的修建等。

（一）小区规划

为了便于管理，建立核桃园应因地制宜地将园地划分成若干生产小区。山地果园则以自然分布的沟、渠、道路划分，尽量与等高线平行，以便于管理和进行水土保持工作。平地以3~7公顷为一小区，为了便于机械耕作，小区一般以长方形为好。小区的方向最好为南北向，有利于获得较好的光照、提高果品产量和质量。滩地小区的长边应与当地主风向垂直，以便与防风林配合。

（二）道路规划

果园道路系统的配置，以便于机械化作业、田间活动、提高劳动效率、减轻劳动强度为原则。全园各作业小区，都要用道路连接起来，由主路、支路和田间作业道路组成。道路的宽度以能通过汽车或小型拖拉机为准，主路宽 5~7 米，支路宽4~5 米，作业道路宽 2~3 米。

（三）排灌系统规划

建园时，必须建立起完整的灌水和排水系统。山坡、丘陵地建园，多利用水库、池塘、水窖、坝来拦截地面径流蓄水灌溉。临河的山地，要设计安排提灌站、引水上山；若距河流较远，则利用地下水为灌溉水源，但水质必须是未受污染的合格水。为合理灌水、节约用水，生产上要大力推广喷灌、滴灌、管灌等水利设施，且省工、省地，适应性强，用途广，增产显著。核桃树不耐涝，对低洼易积水的地方，要建立排水系统。

（四）防护林规划

防护林可以降低风速，减少风害，减少土壤蒸发和土壤侵蚀，保持水土、削弱寒流，增加空气温度和湿度等效果。主林带要与有害风向垂直，栽植 3~5 行乔木，带距 300~400 米，其余林带与道路结合，在路的一侧栽植 1~2 行乔木。山地的防护林应设在分水岭上。林带的结构，宜用透风林带、乔灌木结合，选用的树种要材质佳、经济价值高、生长旺盛、冠形密集与果树无共同或互相传染的病虫害，林带距核桃有足够的间隔距离，不少于15米。

第二节 核桃园的类型和模式

建立核桃园是核桃生产的基本建设，核桃园建立质量的好坏，是能否早果丰产的基础，关系核桃生产的成败和长期效益的高低。

一、核桃园的类型

按照地形地貌的不同，一般可将核桃园分成平地核桃园、山地核桃园和丘陵地核桃园，它们各有特点（表5-1）。

表5-1 核桃园类型及特点

核桃园类型	优 点	缺 点
平地核桃园	土层较厚，水分充足，有机质含量高；根系入土深，生长结果良好，产量较高；便于机械化操作管理和核桃园的规划设计	通风、光照、排水及果实色泽、风味、含糖量、耐贮力不如山地核桃园
山地核桃园	空气流通，日照充足，昼夜温差大；果树碳水化合物累积快，着色良好，优质丰产	气候垂直分布带较为复杂；果树根系分布浅，养分、水分条件差
丘陵地核桃园	介于平地核桃园和山地核桃园之间	

通常在坡度小于10°的缓坡地带最适合建园，并要求土层深厚、土质良好、疏松肥沃、水土流失少、管理方便、环境质量符合无公害果品生产要求。

二、核桃园经营模式

随着人们市场经济意识的增强，以家庭或户为单位的小核桃园逐步被淘汰，取而代之的是现代化的核桃园经营模式，常见的经营模式有以下几种类型。

（一）规模经营发展模式

一般具备以下特点。

1. 具有大规模的基地

根据当地自然条件和气候资源合理进行规划，以集中成片，集约化经营，提高果品商品率；建立供、销、贮、运一条龙服务体系。

2. 管理集约而规范

核桃园采取集约化的科学栽培技术，实行同一地块、同一核桃园、同一基地发展同一品种的规范种植，以便实行规范化管理。

3. 品种保持优良

及时引进优质丰产、抗逆性强的新品种，淘汰或改良老化品种，授粉树、主栽树合理搭配。

4. 水利设施先进

核桃园建立成套的水利设施，实行机电排灌、喷灌、渗灌等，施肥、施药、中耕、采收都实行机械化作业。

5. 防护林系统完善

在常有大风、沙尘暴、高温干旱的地带，因地制宜营造核桃园防护林，以改善小气候、保持水土、抗御气象灾害。

6. 不断改良土壤

使土壤中的水、肥、气、热保持均衡、稳定和适宜状态。大力提倡合理间作、核桃园种草、增施有机肥料等改良技术。

7. 布局美观协调

核桃园布局、建筑物、道路及水电设施要协调一致、美观适体，即基地化、集约化、良种化、水利化、机械化、林网化、改良化、美观化。

（二）休闲观光核桃园发展模式

是指城郊区或交通便利的乡村以观光旅游为主要经营内容的休闲核桃园模式。未来休闲核桃园的发展模式应包括古旧风情区、农家助餐区、核桃园自采区和田园劳作区等内容。不同核桃园可根据自家的地理优势，增加各具特色的园区和观光内容。

（三）绿色健康果品生产模式

即以生产优质绿色果品为主。绿色果品是遵循可持续发展原则，按照特定生产方式生产，经专门机构认证（如中国绿色食品发展中心），许可使用绿色食品标志的无污染的安全、优质、营养果品。此类核桃园应具备下列条件。

（1）园地必须符合绿色食品生态环境质量标准。

（2）果树种植必须符合绿色食品生产操作规程。

（3）产品必须符合绿色食品质量和卫生标准。

（4）产品的包装、贮运必须符合绿色食品包装贮运标准。

由于要求条件苛刻，所以这种生产模式较少，却应该是努力的方向。

（四）立体核桃园发展模式

即在核桃园行间生草或种植作物、中药材，一方面可增加土壤有机质含量，另一方面又可以增加收益；核桃园内兴建沼气池可作为肥源和日常生活的能源；核桃园养鸡、养蜂等可增加肥源和提高经济收益。各地可根据具体情况加以选择和建立形式多样的立体核桃园，丰富核桃园经营内容和提高经营效益。

第三节　核桃园建立的条件

无公害食品指产地环境、生产过程、最终产品质量等符合国家或行业无公害农产品的标准并经过检测机构检验合格，批准使用无公害农产品标识的初级农产品。无公害果品是目前我国果树生产的基本要求，即果品应优质、洁净而有毒有害物质在安全标准之下。生产核桃的园地生态环境必须既符合核桃本身的要求，又符合国家对无公害食品类产品产地环境条件的要求（表5-2）。

表5-2 核桃园建立的条件

因子	要 求
海拔高度	北方地区在海拔1 000米以下；秦岭以南多在海拔500~1 500米；辽宁西南部则适于海拔500米以下，高于500米，由于冬季寒冷，表现生长不正常
温度条件	喜温。普通核桃需要年平均温度10~16℃，极端最高温38℃，有霜期150天以下。休眠期，幼树在-20℃条件下可出现冻害，在温度超过38℃时，果实易受日灼伤害，核仁难以发育，常形成空苞
光照条件	喜光。全年日照时数要在2 000小时以上，才能保证核桃的正常生长发育。低于1 000小时，则核壳、核仁均发育不良
土壤条件	深根性树种，根系需要有深厚的土层（大于1米，不包括黄土母质），以保证其良好的生长发育。核桃对土壤酸碱性的要求是pH值为6.5~8.2，即在中性或微碱性土壤上生长最佳。土壤含盐量宜在0.25%以下，稍微超过即对生长结实有影响，含盐量过高则导致死亡
水分条件	降水量500~700毫米，地下水位应在地表2~3米。核桃耐干燥的空气，但对土壤水分状况却比较敏感，土壤过旱或过湿均不利于核桃的生长和结实
坡向坡度	坡度以25°以下为好；但在光照充足、没有灌溉的条件下，半阴坡和阴坡上的核桃树则优于阳坡和半阳坡上的核桃树。坡度大于10°时，应修筑等高的水保工程（水平窄带梯田等）
风	核桃为风媒花，因此微风有助于传粉，同时有助于预防病害的发生
特殊要求	建园要选择无污染的生态环境，基地附近没有形成污染源的工矿企业，以防止工业“三废”的侵害；供核桃园用水的河流或地下水的上游无排放有害物质的工厂；土壤不含天然有害物质；核桃园距主干公路50米以上。建园前请环保部门对基地附近的大气、灌慨水和土壤进行检测，有害物质含量不得超过国家规定标准
交通条件	交通便利，便于运输产品

第四节　建园管理

一、引入水、电、通信等

水、电、通信是搞好核桃园基础建设的先行条件，应最先引入安装。

二、园路的施工

施工前，应在设计图上选择两个明显的地物或两个已知点，定出主干道的实际位置，再以主干道的中心线为基线，进行铺路系统的定点、放线工作，然后进行修建。大中型核桃园的一、二级路相对较固定，有条件的可建成柏油路或水泥路。大中型核桃园的三级路和小型核桃园的道路系统主要为土路，施工时，由路的两侧取土填于路中，形成中间高两侧低的抛物线路面，路面夯实，两侧取土处修成整齐的排水沟。

三、水土保持工程施工

山地核桃园水土流失现象比较普遍而且严重。山地栽植果树，必须在建园开始就要规划和兴建水土保持工程，从而减少山地核桃园的水土流失，为果树生长发育奠定良好的基础。

1. 水平梯田

在坡地上，沿着等高线修成的田面水平、埂坝均整的台阶式田块称为水平梯田。

第一步，筑梯田壁。修筑梯田，由于梯田壁所用的材料不同，分为石壁梯田和土壁梯田。不论哪种梯田，均不宜修直壁，而应向内倾，垒石壁梯田大约与地面呈 75°的坡度，筑土壁应保持 50°~60°的坡度。土壁梯田的梯田壁要踩实拍紧，梯田壁要平滑内倾。不论石壁、土壁，壁顶都要高出梯田面，筑成田埂。

第二步，铺梯田面。修梯田时，随梯田壁的增高，应以梯田面的中轴为准，在中轴线上侧取土，填到下侧，一般不需要到外处取土，但一定要以中轴线为准，保持田面水平。梯田面采用内斜式更好，整修梯田的横向上必须有 0.2%~0.3%的比降，即整条梯田从头至尾不能绝对等高，应向泄洪（集水）沟处稍倾斜，才有利于排出过多的地表径流，防止梯田壁倒塌。

梯田面宽度，一般以行距而定，最好不窄于 4~5 米，即一个台面栽一行树。坡度小的山地，梯田面可宽些，可栽植 2 行以上的树。

第三步，挖排水沟。梯田面平整后，在其内沿，挖一排水沟，排水沟按 0.2%~0.3%的比降，将积水导入总排水沟内。

第四步，修梯田埂。将挖排水沟的土堆到梯田外沿，修筑梯田埂。田埂宽 40 厘米左右，高 10~15 厘米。

第五步，果树在梯田面上的位置。在梯田面上栽植果树，应距梯面外沿约 1/3 田面的地方。

2. 撩壕

按等高线挖成等高沟，把挖出的土在沟外侧堆成土埂，这就是撩壕。在壕的外侧栽植果树。撩壕可分为通壕与小坝壕两种。通壕的沟底呈水平式，因而壕内有水时，能均匀分布在沟内，水流速度缓慢，有利于水土保持。小坝壕形式基本与通壕相似，不同点是沟底有 0.3%~0.5%的比降，在沟中每隔一定距离做一小坝，用以挡水和减低水的流速，故名小坝壕。此种方式较通壕优越，当水少时，水完全可以保持于沟内，水多时，则溢出小坝，朝低向缓慢流去。

技术要点如下。

第一步，放线。根据地形特点，按照规划行距定出撩壕位置，撒上石灰线。

第二步，撩壕。沿着石灰线，用铁锹将上位的表土撩到下位，使得沟底距原坡面深可在 25~30 厘米，壕外坡长 2~4 米，壕高（自壕顶至原坡面）25~30 厘米。

3. 鱼鳞坑

鱼鳞坑是山地核桃园采用的一种简易的水土保持工程，也可以起到一定程度的水土保持作用。修筑鱼鳞坑时，坑面向内倾斜，沿坑的外面要修筑一条土埂。但严禁树干在土埂上，以防降大雨时，顺树干流下来的水把土埂冲塌。坑面土壤保持疏松，以利保蓄雨水。

技术要点如下。

第一步，放线、定点。根据地形特点，按照规划株行距定出鱼鳞坑位置，撒上石灰。

第二步，挖坑。以石灰点为中心，挖 80～100 立方厘米的坑。注意将表土和心土分别堆放在坑的左右两侧。

第三步，修筑土埂。在坑的下侧用石头砌成月牙形的埂，以防水土流失。

4. 谷坊

为了防止核桃园中自然冲刷沟的水土流失，在沟中修土谷坊、石谷坊。修土谷坊时，最好用湿土夯实。为使谷坊牢固，可采用生物措施，如种草、栽植紫穗槐等。石谷坊比较坚固，不易被水冲垮。修筑时先将沟底和沟壁挖成槽，然后砌坝。用石块砌坝，用石灰或水泥勾缝。谷坊断面应是下宽、上窄，呈梯形，在坝中间留出缺口，使流水集中，以免冲塌沟帮。为了防止沟蚀，在沟坡里种植紫穗槐或其他植被，以减少沟坡径流和沟蚀。

四、灌水系统施工

以渠道引水方式为例。

第一步，安装提水设备或打机井。灌溉水若是地面水，应先在取水点修筑取水构筑物，安装提水设备。若是开采地下水源，则应先打机井，安装水泵。

第二步，精心测量，按准确标高修筑渠道，保证渠道的坡降符合设计要求（1/1 000～4/1 000）。

第三步，按照设计的宽度、高度和边坡比（渠道宽度与深度的比值），进行填土，分层夯实，筑成土堤，当达到设计高度时，再在堤顶开渠、夯实。

第四步，在土渠底部和两侧挖去一定厚度的土，在渠中放置钢筋网，浇筑水泥，厚度与挖去土的厚度相同。

五、排水系统施工

一般先挖向外排水的总排水沟。中排水沟与修筑道路相结合，挖掘的土填于路面。作业区内的小排水沟，可结合整地挖掘，也可以用略低于步道的地面代替。排水沟的坡降为3/1 000~6/1 000，边坡度为45°。

六、营建防护林

一般都用大苗移栽，栽后及时浇水，做好养护管理工作，保证成活和正常生长，以尽早形成防护功能。

七、土地平整

削高填低，整成稍具坡度的小区。

八、土壤改良

园地中如有盐碱土、沙土、重黏土，应加以改良。盐碱地可采用开沟排水，引淡水冲盐碱；轻度盐碱地可采用多施有机肥、及时中耕除草等措施。对沙土采用掺黏改良，黏土采用掺沙改良。园地中如有城市堆垫土如灰渣、砂石等，应全部清除，换入好土。

九、定植后管理

在发芽后逐步去除长条套袋，以利新梢生长。6 月以前，根据土壤水分情况，注意灌水。有条件时施些氮素化肥，如硫酸铵等，每株 0. 15 千克。7 月以后，为促进枝条成熟，应控制灌水，追施磷、钾肥料，如过磷酸钙、硫酸钾、草木灰等，有利于越冬。在全年管理中，应注意中耕除草、防治病虫害等。落叶后上冻前要进行埋土，以安全越冬。

第六章　核桃高效管理技术

第一节　土肥水管理

一、土壤管理

（一）土壤管理的原理

土壤管理是通过耕作、栽培、施肥、灌溉等措施，保持和提高土壤生产力的技术。

土壤是核桃树生长与结果的基础，是水分和养分供给的源泉。土壤深厚、土质疏松、通气良好，则土壤中的微生物活跃，就能提高土壤肥力，从而有利于根系生长和吸收，对提高坚果产量和品质有重要意义。

由于核桃园密闭不利于机械作业，务工人员老龄化，肥料的冲施和撒施，导致土壤耕作深度降低，耕作层逐渐浅化，犁底层厚度增加，土壤酸化板结，既妨碍土壤水分的入渗，使土壤蓄水、保水和供水的能力变差，也不利于根系生长，核桃树的根系上浮现象普遍。

不加强管理的果园土壤紧实、通气不良、微生物活动能力低、土壤肥力差，核桃生长结果受到抑制，产量低、品质差、病虫害严重。

（二）土壤管理的基本方式

1. 土壤改良

（1）栽前改良。在定植前，实行大坑浅栽，即定植穴要挖得大一些，如 1 米×1 米×1 米或 80 厘米×80 厘米×80 厘米，然后施足底肥，分层回填，再挖小坑栽植，可使栽植穴内的土壤理化性状得到改良。

（2）土壤深翻。在核桃树栽植后，每年秋季（9月）结合施有机肥进行，深度以根系主要分布层为宜。

核桃树根系深入土层深浅的主要影响因素是土层厚度和理化性状。园土深翻可加深土壤耕作层，为根系生长创造条件，促使根系向纵深发展，根量及分布深度均显著增加。深翻促进根系生长，是因为深翻后土壤中水、肥、气、热得到改善，使树体健壮、新梢长、叶色浓。另外，深翻后可以提高微生物的活动，加速土壤熟化，使难溶性营养物质转化为可溶性养分，使土壤的有机质、全氮、全 磷、全钾含量提高，进而提高产量。

2. 果园耕翻

核桃树行间和株间每年秋季落叶前后都要耕翻，一般深度为20厘米左右，树盘内深外浅，翻后整平。耕翻不仅可以改善表层土壤的理化性状，使土壤疏松透气、保肥保水，而且可以杀灭潜藏在土壤中的病虫源。

3. 间作套种

核桃栽植后1~4年，枝量小，树体间隙较大，可进行间作套种，不仅可以抑制杂草，提高土地利用率，增加经济收入，还可加速土壤熟化，提高土壤肥力，促进果树生长。

间作套种原则：低干、浅根、生长期短、价值高；留足营养带；作物与核桃树需肥水的高峰期错开，间作物对核桃树的影响要小；作物与核桃树没有共同的病虫害。最常用的间作物为豆类和薯类。

4. 清耕

核桃园内不种植其他作物，生长季内及时进行锄草松土。清耕主要在成龄果园中采用，常结合喷施除草剂进行，以达到免耕或少耕的目的，但不利于水土保持和土壤有机质的积累。这种耕作方式要求生长季节对核桃园进行多次中耕除草，可以解除地表板结、切断毛细管、减少水分蒸发、增加土壤通气、促进肥料分解。同时清除杂草可节省水分养分、减少病虫害，在雨后、浇水后和干旱季节，效果更为明显。中耕除草全年一般 3~5 次，果粮间作的核桃园，可结合对间作物的管理进行，树下杂草及时清除。

5. 生草

在具备灌溉条件的核桃树行间种植豆科三叶草、禾本科黑麦草等。生草期间，定期进行刈割，割下草就地翻压、沤肥，用作覆盖物或当作饲料等，有助于控制杂草，增加土壤有机质。国外的核桃园多采取这种形式。

6. 覆草

将杂草、绿肥、作物秸秆等覆于树盘、行内或全园，厚度保持在 20 厘米左右为宜，有助于保持土壤湿度，增加有机质，但是易造成根系上浮，所以每 4~5 年应该翻刨 1 次。

（三）深翻熟化土壤

第一步，确定方式。根据核桃树的年龄和生长情况，选择一种深翻方式（如隔行深翻）。

第二步，找准位置。在树冠投影处稍靠外，与上一次深翻沟接茬，中间不留隔墙。隔行深翻，沟的两侧距主干至少 1 米。

第三步，挖穴备肥。挖沟深翻，沟深 60 厘米、宽 30~50 厘米，表土、心土分开堆放。尽量少伤根，特别是 1 厘米以上的侧根不可断伤，否则会引起核桃树的暂时生长缓慢或停止；但 1 厘米以下的细根断伤后容易愈合发出多量新根，影响不大。挖出的根要注意保护，不可干旱、暴晒或受冻，挖断的大根要及时将伤面修平。准备好充分腐熟的有机肥（农家肥），一般 1~4 年生树，每株 50~60 千克；5~8 年生树，每株 100~150 千克；9 年生以上的每株为 150~200 千克，另外每亩混加钙镁磷肥 100 千克，有条件的核桃园，可准备一些秸秆。

第四步，分层回填。填土时，若有秸秆，可先填入秸秆，然后将表土及沟周围的地面熟土与有机肥料和过磷酸钙混合均匀填入坑中，不易腐烂的树枝等放在沟底。如遇石块应当捡出，土壤过沙过黏应客土填坑。心土不回填沟内，沟快填满时，将心土平在地面，以便熟化。

第五步，整平灌水。填土整平后，争取灌透水，以便根系与土壤密接，迅速恢复生长。

（四）间作套种

以幼龄核桃园套种大豆为例。

第一步，选择品种。因幼龄核桃园一般较为肥沃，可选择种植中、晚熟，分枝性强，耐旱、耐瘠和丰产性能好的品种，如晋豆 44 号、晋豆 28 号等。

第二步，确定播种范围。1 年生树留 1 米的营养带，2 年生树留 1.2 米的营养带，3 年生树留 1.5 米的营养带，4 年生树留 1.8 米的营养带。营养带以外即播种范围。

第三步，施足基肥。每亩基施农家肥或土杂肥 800～1 000千克、钙镁磷肥 10～15 千克，肥料开沟施下，施肥后播种。

第四步，适时早播，合理密植。一般可与纯种春大豆同时播种，以延长营养生长期；增加主茎节数，争取多荚多粒。在种植规格上应采取 15 厘米×15 厘米或 20 厘米×20 厘米等距离穴播，每穴播 3 粒，或者同纯种春大豆，采取开沟条播，密度保持在每亩 2.5 万株左右。具体密度还要根据核桃树生长情况和园中土壤肥力等情况有所增减。

第五步，加强田间管理。大豆出苗后要及时间苗、补苗，防治病虫危害，确保全苗和壮苗。若豆苗太弱则每亩可适当追施尿素 10 千克，促进大豆早生快长。花前期每亩追施钾肥 10 千克。春大豆田发生的害虫主要是蚜虫、豆秆黑潜蝇、豆荚螟、夜蛾类等，采取相应的药剂进行防治。

第六步，及时收获。荚色全部转黄、大豆植株上部叶片黄绿色、中下部叶片脱落时要及时收获。一般来说，7 月中下旬为收获适期。

(五) 化学除草

1. 选择合适的除草剂

根据杂草种类及生育时期，选择适宜的除草剂，先进行小面积试用，确定安全有效后再进行全园喷洒。

2. 注意事项

(1) 使用时要注意做好防护措施，不要喷到核桃树上，以免发生药害。

(2) 使用前应根据除草剂的性能及所防除杂草的种类，做到对草下药、药到草除。

二、施肥管理

肥料是植物的粮食。核桃树长期固定生长在一个地方，每年生长和结果都要消耗一定数量的营养物质，这些营养物质是从土壤中吸收和叶片进行光合作用制造的。要达到早果、丰产、稳产、优质、高效的目的，必须每年给核桃树施肥，以提高土壤肥力，满足核桃树生长结果对营养的需求，促进核桃树正常生育，提早结果，早期丰产，高产稳产，以发挥核桃树应有的生产能力，并可增强树势，延长结果年限和树体寿命，提高抗病性和抵御不良环境的能力。

(一) 核桃树需肥特性

1. 需肥量大，需要营养元素多

核桃树体高大，根系发达，产量高，寿命长，需肥量尤其是需用氮量比其他果树大1~2倍。据研究，每产100千克坚果，核桃树需从土壤中吸收氮1 465克、磷187克、钾470克、钙155克、镁39克。比每产100千克梨需氮450克、磷200克、钾450克，分别高出225.56%、-6.55%和4.45%；比每产100千克柑橘需氮600克、磷110克、钾400克，分别高出144.17%、70.00%和17.50%。如果再加上根、干、枝叶的生长及花芽分化、淋洗流失和土壤固定等，核桃树每年补充的各种元素应是这两种果树的 2 倍以上。因此，核桃树不施肥，单靠土壤供应显然是不能满足需要的。

核桃树除对大量元素和中量元素需要量大外，对微量元素的需要也全面而充足。如果缺少或供量不足，就会发生生理障碍而出现缺素症，影响正常生长和产量、品质。如缺锌，就会出现叶小而黄、卷曲，严重时全树叶子小而卷曲，枝条顶端枯死；缺锰，叶子失绿，叶脉之间变为浅绿色，叶肉和叶缘发生枯斑点，易早落；缺硼，枝梢向下枯萎，小叶叶脉间出现棕色浊点，小叶易变形，幼果易脱落；缺铜，常与缺锰同时发生，主要表现为核仁萎缩，叶片早黄脱落，小叶表皮发生黑死斑点，严重的造成枝条死亡。

核桃树缺某种元素只有补充该种元素才能矫正过来，若补充其他元素，不仅无济于事，有时甚至引起拮抗作用抑制对其他元素的吸收，从而引发其他缺素症或肥害。因此，对核桃树施肥，肥量要大、元素要全、比例要协调、施肥要适时、方法要得当。

2. 对基肥的要求

基肥是供给核桃植株全年生长发育所需的基础肥料，是当年结果后恢复树势和次年丰产的物质保证。因此，至少每隔 1 年就应施 1 次基肥。施基肥的时间，以采果后的 9—10 月为宜。肥料用厩肥、堆肥、土杂肥、沤制过筛的垃圾肥、绿肥和饼肥均可，最好是用以上 2~3 种肥再加适量磷、钾化肥混合拌匀施用。施肥量，按照 25~30 年生的结果大树每株需纯氮 1.5~1.8 千克计算，那么如用厩肥做基肥幼龄树每株施用 50~100 千克，盛果期树则施 200~250 千克，更大的树可施 400 千克，并加适量化学磷、钾肥和 80~100 克硼砂，使氮、磷、钾的比例保持在 3∶1∶1.5 为宜。具体在某地区的施肥量因树龄大小和当地土壤的肥沃程度而异。施基肥的方法幼树用全环沟，大树用半环沟、辐射沟、扇形坑等均可。施肥时，加 2~3 份表土与肥料拌匀施入。

3. 对追肥的要求

由于核桃树各个时期生长发育不同，所需的养分种类和数量不一样，因此单有每年的秋施基肥还不能满足要求，还必须在以下 3 个急需养分时期适时追施肥料才能补充养分。

（1）萌芽肥。在萌动时施。因萌动发叶后，核桃树的生理活动日益旺盛，生长发育迅速加快，呼吸强度增高，新陈代谢增强，细胞分裂明显加速，需要大量的营养物质和能源物质，才能使发叶抽梢和开花结果等生理活动顺利进行。所以，此时应及时追施速效肥。施肥量，大树每株施腐熟的人畜粪尿 150~200 千克或尿素 800~1 000克。

（2）花后肥。在谢花后施，以补充开花消耗的大量养分和满足幼果生长。用肥种类和施肥量与萌芽肥相同。

（3）硬核肥。在硬核期的 6 月施。此时核桃内果皮硬化、核仁发育和花芽分化都需要大量的磷素和钾素。如果这次施肥及时，肥量充足，元素协调，则既是当年丰产的保证，又是次年丰产的基础，非常重要。这次施肥用以磷为主、钾为次、氮再次的氮磷钾三元复合肥。结果大树每株施磷铵钾复合肥 1.0~1.5 千克。

（二）施肥方法

常用的施肥方法有土壤施肥和根外施肥两种，其中土壤施肥是主要的施肥方法。

1. 土壤施肥

根据果树根系分布特点，果树施肥部位应在树冠外缘附近。有机肥要深施，要求达到主要根系分布层，一般为 40~60 厘米；无机化学肥料（追肥）可以浅施，一般 10~15 厘米即可。施用有机肥时，必须把肥料与土壤充分混合后，再填入施肥沟，以利于整个根际土壤改良，同时也可避免肥料过于集中而产生的烧根现象。

常用的土壤施肥方法有环沟施肥法、条沟施肥法、放射沟施肥法、穴状施肥法。此外还有全园施肥法、穴贮肥水地膜覆盖法。穴贮肥水地膜覆盖技术是把果树的浇水、施肥、保墒结合在一起，在局部范围内为根系生长发育创造良好的环境，从而保证果树的正常生长结果。

2. 根外施肥

核桃主要通过根系吸收无机养分，但也可通过叶片吸收少量养分。生产上常把速效性肥料直接喷施在叶面上以供植物吸收，这种施肥方法称为根外施肥。溶于水中的营养物质喷施叶面后，主要通过气孔，也可通过湿润的外侧角质层裂缝进入细胞内。此外，近年来，还常用树体输液、注射等方法，将微量元素溶液直接从木质部注入树体来矫正缺素症，这是根外施肥方法的新补充。

根外施肥方法简单，肥料利用率高，肥效快，易快速被植株吸收。用于根外施肥的肥料要求易溶于水，能被叶片迅速吸收。用作根外施肥效果好的肥料有尿素、磷酸二氢钾、硝酸钾、硫酸钾、硫酸铵、草木灰的浸出液、偏磷酸铵及大部分微量元素肥料等，常用浓度见表6-1。

表6-1　叶面喷肥常用浓度和喷洒时期

肥料种类	喷洒浓度（%）	喷肥时期	肥料种类	喷洒浓度（%）	喷肥时期
尿素	0.5	生长期	硼砂	0.5 ~0.7	开花期
磷酸二氢钾	0.3~0.5	生长期	硫酸锰	0.05~0.1	生长期
硫酸亚铁	0.2 ~0.4	5—6月	硫酸铜	0.01 ~0.02	生长期
硫酸锌	0.5 ~1.5	发芽前	硫酸钾	0.5	7—8月
硝酸	0.03~0.05	开花期	草木灰	4	7—8月

(1) 叶面喷肥。钙、镁中量元素和硫、铁、铜、锌、锰、硼、钼、钡等微量元素，因需要量少，可在4—8月核桃树生长期，把应施元素溶于水中，用喷雾器喷在叶枝花果上，进行根外追施。

一般幼叶比老叶、叶背面比正面吸收肥料快、效率高。施用的浓度要适宜，以免造成药害。注意不同肥料的施用时间。

(2) 树体注射或输液施肥。是利用高压将果树所需的肥料从树干强行注入树体，靠机具持续的压力，将进入树体的液体输送到根、枝、叶的施用部位。

主要用于矫治生理缺素症，其效果明显优于其他办法。如矫正核桃缺铁失绿症，注射硝黄铁肥（单硝基黄腐酸铁）或复绿剂，5~6 天叶片开始变绿，10~15 天全树叶片恢复正常，1 次注射，有效期可达 4 年以上。树体注射时间以春（芽萌动期）、秋（采果后）两季效果最好。

（三）施基肥

第一步，准备和腐熟肥料。按照核桃树的年龄、结果量和园土的肥沃程度计算好有机肥的用量（另加 4%的过磷酸钙和有机肥混合），然后提前半年准备好（如果是已经腐熟的肥料，可以在秋季施肥前备好就行）。各种新鲜有机肥如家畜粪尿和垫圈材料混合形成的肥料等，需要在堆积过程中通过微生物的作用，腐熟分解成为作物可利用状态的养分和腐殖物质，这样的有机肥才适合施用。常用堆腐有机肥的方法有 3 种（表 6-2）。

表 6-2　有机肥腐熟的方法

腐熟方法	具体做法
疏松堆积法	将起圈的新鲜牲畜粪尿疏松堆积于积肥场地，堆积过程中保持通气良好。在高温条件下，牲畜粪尿腐熟分解快，在短时期内，可以制出腐熟的有机肥
紧密堆积法	从圈内起出的牲畜粪尿，在积肥场地一层层地堆积起来，边堆积边压紧。如果太干，可加适量水以保持湿润，肥堆的高度以 1.5~2 米为宜，待堆积完毕，用泥土把肥堆封好，温度一般保持在 5~15℃。采用这种方法腐殖质积累较多，氮素损失较少，经过 3~4 个月后，有机肥可达半腐熟状态，6 个月以上才能完全腐熟

（续表）

腐熟方法	具体做法
疏松紧密交叉堆积法	采用疏松紧密交替堆积，既可缩短有机肥的腐熟时间，又可减少氮素损失。把新鲜有机肥在圈外疏松堆积约 1 米高，不压紧，以便发酵。一般在 2~3 天后肥堆内温度可达 60~70℃，以后还可继续堆积新鲜有机肥，这样一层层地堆积，直到高度 2~2.5 米为止。用泥土把肥堆封好，保持温度，阻碍空气进入，防止肥分损失和水分大量蒸发。一般 45~60 天就可达到半腐熟状态，经过 4 个月后就可完全腐熟

第二步，分肥。先根据每行树的施用量，将肥料分放到每行行头，再根据每棵树的用量将其分放到树旁边。

第三步，确定施肥方式。根据树龄和根系生长情况确定施肥方式。一般幼树结合扩穴采用环状沟施法，逐年向外扩展至全园扩通；成龄树宜采用条状沟或放射沟施法，位置逐年轮换交替。基肥施用方法可根据树龄灵活掌握。

第四步，找准位置。在树冠投影外缘区域用铁锹画线，确定开挖位置。

第五步，分层挖穴。穴深 60 厘米、宽 30~50 厘米，表土、心土分开。

第六步，分层回填。填土时，先将表土与有机肥混合填入下部，再将行间表土填到上部。

第七步，整平灌水。

（四）土壤追肥

第一步，备肥。按照核桃树生长发育阶段确定肥料的种类，再按照核桃树的年龄、结果量计算好化肥的用量和种类，并准备合适的容器（如瓢），称量好每瓢可盛放的肥料质量。

第二步，挖穴。在树冠外缘用铁锹，均匀挖 15 厘米左右的小穴 6~8 个。

第三步，放肥。用备好的容器，将每株树所需的肥料，平均发放到挖好的施肥穴中。

第四步，埋穴。立即将放好肥的施肥穴埋掉，以免肥分挥发到空气当中。

第五步，灌水。灌水使肥料溶解，有利于根系吸收。

（五）穴贮肥水

第一步，制作草把。把麦秸用铡刀铡成长 35 厘米左右的段节，堆放整齐，然后用草绳捆成直径 30 厘米的草把。注意一定要捆紧扎实。将草把放在沼液或 5%～10%的尿液或水中浸泡 1～2 小时，浸透后捞出待用。

第二步，挖穴备肥。秋季，在树冠投影外缘，挖直径和长度比草把稍大的 4～6 个柱形坑穴，注意坑穴应围绕树干呈同心圆排列。依据大枝和大根对应分布规律，坑穴位置应尽量和地上部大枝相对应，以更好地为核桃树供给养分。在穴边准备腐熟的有机肥和磷肥或复合肥。

第三步，埋穴浇水。将处理好的草把立于肥水穴中央。在草把周围施入掺有有机肥、磷肥或复合肥的混合土，每穴施入有机肥 4～5 千克、复合肥 0.05～0.1 千克，随填随捣实。草把顶部覆土 1～2 厘米，随即每穴浇水 4～5 升（灌水量不宜太多，以免造成养分流失），水下渗后对肥水穴及整个树盘进行整理，使肥水穴低于地面 1～2 厘米，形成盘状以利于施肥浇水。在肥水穴上覆盖地膜，可选用 0.02～0.03 毫米厚的聚乙烯薄膜，大小为 70 厘米×70 厘米。地膜的四周用土压紧，中间用土均匀压实。每个肥水穴的中央将地膜开一小孔，以供日后浇水、追肥或承接雨水用。小孔平时要用砖盖严，防止水分蒸发。

第四步，分次施肥。除在埋草把时施肥外，分别在花前、坐果和新梢速长期结合浇水进行追肥，前期追肥以速效氮肥为主，每穴每次施尿素 50～100 克，7 月以后适当增施磷、钾肥，每穴每次施入磷酸二氢钾 50～100 克。果园有沼气池的可用沼液直接浇灌效果更佳。对大龄、结果多的核桃树，因营养消耗多，可在沼液中加入适量尿素，以提高氮素浓度，增强树势；对幼龄、长势过旺和当年挂果少的树，应加入磷、钾肥，以促进花芽分化。

第五步，肥水穴管理。肥水穴一般可维持 2~3 年，草把每年更换 1 次，中途发现地膜破损的应及时更换，后期长草时可用草甘膦防治。进入雨季，可撤去地膜，使穴内贮存雨水。再次设置肥水穴时位置要相互错开。

(六) 叶面喷肥

第一步，备肥。按照核桃树生长发育阶段确定肥料的种类，再按照核桃树的大小和适宜的施肥浓度，计算肥料用量。为节省劳力，事半功倍，可准备当季应用的杀虫杀菌剂，注意其化学性质（中性、碱性、酸性），不能抵消肥料的有效性（例如酸性肥料不能配碱性药剂）。

第二步，配制。按照稀释浓度配制一定浓度的肥液，幼嫩叶片，浓度宜稀，成熟叶片浓度可大一些。叶片被肥液湿润时间越长，叶面肥在叶片上的附着能力就越强，叶面吸收率就越高。叶面湿润时间一般控制在 0.5~1 小时，为了达到这个要求，喷施叶面肥时可适量加入提高附着力的助剂，如一些专用的湿润剂或黏着剂，也可以是中性洗涤剂，如中性洗衣粉，浓度在 0.1%~0.2%为宜，它可以降低水的表面张力，增大溶液在叶面上的附着力。

第三步，喷肥。在 10 时以前或 16 时以后，进行喷施。把喷淋重点放在叶片背面。叶片正面细胞组织致密，并且覆盖有一层较厚的角质层，一般的肥料很难穿透而被吸收。相对而言，叶片背面多为海绵组织，细胞间隙大，含水量高，且气孔、水孔都多集中于此，施用叶面肥后可以直接从气孔、水孔等进入，也可直接渗入细胞组织中，非常容易被吸收。因此，在喷施叶面肥时多要拿喷头从中下部向上喷，让其充分接触到叶片背面，要做到叶面、叶背都喷到，并且可以看到有多余的溶液滴落到地面，如果发生缺素症时，要连续喷施 2~3 次，缓解效果才能明显。

(七) 输液施肥

第一步，料材准备。收集医院使用后丢弃的输液器和葡萄糖瓶或塑料袋加以利用，其长度应在 1.5 米左右。

第二步，配制营养液。按树体大小贮备清水，一般每株树一次输液 1~2 升。按作物根外追肥浓度，在清水中加入肥料。针对防治对象，在清水中加入适宜浓度的内吸传导型对口农药。

第三步，安装输液装置。将输液桶或瓶倒吊在树干上，用打孔器在树干上打直径约 5 毫米（与输液管直径相等）、深入木质内约 10 毫米的孔。

第四步，输液。将输液管插入孔内木质部，调节流量控制夹输液。液体输完后，及时去掉输液装置。缺素严重时，1 周 1 次，连续 2~3 次。

三、水分管理

（一）核桃树需水特点

核桃树体高大，叶片宽阔，蒸腾量较大，需水较多，抗旱力弱。灌水是增产优质的一项有效措施。在生长期间如果干旱缺水，会阻碍根系吸收和地上部蒸腾，干扰正常新陈代谢过程，造成落花落果乃至叶片凋萎脱落。土壤水分充足，才能保证树体的生长和发育。当春季干旱时，有条件的应该补充灌水，以满足生长发育的需求。但是到了雨季，若排水不畅，土壤水分过多或长期积水，也容易造成通气不良，根系呼吸受阻，严重时窒息、腐烂，从而影响地上部的生长和发育。

（二）灌排水时期和次数

应依土壤含水量和树体含水量决定，春灌在解冻后到发芽前，目的是减轻春旱，促使秋施基肥继续发挥肥效，促进结果。春梢停长后到秋梢停长前控水，即 6 月中旬到 8 月上旬，一般不灌水，雨季还应注意排水，目的是控制新梢后期徒长。新梢停长后，根据秋季墒情补水。秋施基肥后要大水灌透，目的是促进新根发生，促进花芽发育和营养积累。有条件的地区，在落叶后至封冻前可灌越冬水，以提高冬季土壤水分含量，避免冬旱造成根系受害，枝条干枯。

没有灌溉条件的地区，要搞好水土保持，应同时进行树下覆草，即在树冠下用鲜草、干草、碎秸秆等覆盖地面。覆草以不露地表为准，一般厚度为5~10厘米。

（三）灌排方法

1. 地面灌溉

地面灌溉又分为漫灌和畦灌。畦灌就是在地上挖渠道和垄沟，将水引入果园；漫灌就是不在地上挖渠道和垄沟，让水以漫流的方式进行灌溉。地面灌溉的优点为灌水充足、保持时间长；缺点是用水量大。在水源充足的地方可以采取此种灌溉方法。

2. 喷灌

喷灌就是使用专门的管道系统和设备将有压水送至灌溉地段并喷射到空中形成细小水滴洒到果园的灌溉方法。喷灌的优点为：喷灌比地面灌溉省水30%~50%，喷布均匀，减少水土流失，调节果园温湿度，可以有效地防止干热、低温和晚霜对核桃的伤害，同时也节省土地和人力，便于机械化灌水操作。喷灌的缺点为：增加灌溉成本，在风多而大的地区不宜采取此种灌溉方法。

3. 滴灌

滴灌就是将灌溉用水在低压系统中送至滴头，由滴头形成水滴后，滴入土壤进行灌溉的一种方法。滴灌的优点为：滴灌的用水量是喷灌的20%~25%，在灌溉过程中不会破坏土壤结构，不妨碍核桃根系的正常吸收，节约用水的同时也可以提高核桃的产量和品质，还可以防止果园土壤次生盐渍化。在缺乏水资源的地区，可以大力推广。滴灌的缺点为：由于滴灌和喷灌一样需要购买相应的设备，会增加灌溉成本。

在采用滴灌方法的时候，需要注意的是，滴灌的次数和灌水量要根据灌水期和果园土壤的水分状况来确定。在通常情况下，在春旱年份可以采取隔天灌水，一般年份可以每隔5~7天灌水一次。灌溉的时候应该使滴头下一定范围内土壤水分达到果园最大持水量，而又没有渗漏的现象出现。核桃采收前的灌水量，以保持果园土壤的湿度为最大持水量的60%左右为宜。

4. 核桃园灌水

第一步，确定灌水时间。根据核桃树的需水特点，结合核桃需水时期的降水情况和土壤水分状况，确定灌水时期。如果在核桃树需水较多的时期，没有降水，土壤水分含量较低（低于田间最大持水量的60%），就要做出灌水决定。

第二步，检修灌水设施。主要是检修好水池和安装好管道。

一是检修水池。有提水设施的核桃园，在核桃园最高点修100~200立方米的转水池，转水池应修在地下部，呈圆形，用条石修建，才能牢固。如果核桃园是自然积水，要在核桃园上方或适宜位置修建好积水池，积水池大小依积水面积大小而定。灌水前认真检查转水池是否完好，是否有渗漏，并及时用水泥灰和防渗材料进行处理。

二是检修输水管道。检查输水管道，及时修复破损、断裂的输水管道，保证最高点处转水池的水能够顺畅地到达小区。

三是检修闸阀。每个台梯地背沟（或小区）输水管处安置闸阀，灌水前应检查这些闸阀，如有坏者，及时修理或更换。

四是修整树盘围堰。按照树冠投影，修整树盘围堰，使树盘平整，围堰高出树盘15厘米左右。

第三步，开闸灌水。在闸阀上接上手持胶皮软管，移动软管位置，一个树盘一个树盘地灌溉，灌至围堰上端，水面暂不下渗为宜。

5. 核桃园排水

雨季来临前，对核桃园支排水沟、主排水沟进行全面检修和疏通，保持0.3%~0.5%的比降，用条石或水泥灰浆修复，确保暴雨和山洪可以顺利排出园外。

第二节 整形修剪

一、了解整形修剪基本知识

（一）核桃整形和修剪的意义

整形修剪技术是核桃栽培管理中一项十分重要的技术措施。整形是根据核桃树的生物学特性，结合一定的自然条件、栽培制度和管理技术，造成一定空间范围内，有较大的有效光合面积，能担负较高产量，便于管理的合理树体结构。修剪是根据生长结果的需要，用以改善光照条件、调节营养分配、转化枝类组成、促进或控制生长发育的手段。概括地讲，整形修剪就是依据核桃生长结果的特性，使其形成丰产的树体结构，维持树体良好的从属关系，协调树体各器官之间的平衡，调节营养生长和生殖生长的关系，改善光能利用条件，增加结果部位，从而建立合理的丰产群体。

（二）整形修剪的原则

1. 自然环境和当地条件原则

自然环境和当地条件对核桃树生长有较大影响。在土壤瘠薄的山地、丘陵地和沙地，核桃树生长发育往往受到限制，树势一般表现较弱，整形应采用小冠型，主干可矮一些，主枝数目相对多一些，层次要少，层间距要小，修剪应稍重，多短截，少疏枝；在土壤肥沃、地势平坦、灌水条件好的果园，果树往往容易旺长，整形修剪可采用大冠型，主干要高一些，主枝数目适当减少，层间距要适当加大，修剪要轻；风害较重的地区，应选用小冠型，降低主干高度，留枝量应适当减小；易遭霜冻的地方，冬剪时应多留花芽，待花前复剪时再调整花量。

2. 品种和生物学特性原则

萌芽力弱的品种，抽生中短枝少，进入结果期晚，幼树修剪时应多缓放和轻短截；成枝力弱的品种，扩展树冠较慢，应多短截少疏枝；以中、长果枝结果为主的品种，应多缓放中庸枝以形成花芽；以短果枝结果为主的品种，应多轻截，促发短枝形成花芽；枝条较直立的品种，应及时开角缓和树势以利形成花芽；枝条易开张下垂的品种，应注意利用直立枝抬高角度以维持树势，防止衰弱。

3. 年龄时期原则

生长旺的树宜轻剪缓放，疏去过密枝，注意留辅养枝，弱枝宜短截，重剪少疏，注意背下枝的修剪。初果期是核桃树从营养生长为主向结果为主转化的时期，树体发育尚未完成，结果量逐年增加，这时的修剪应当既利于扩大树冠，又利于逐年增加产量，还要为盛果期连年丰产打好基础；盛果期的修剪，在保证树冠体积和树势的前提下，应促使盛果期年限尽量延长；衰老期果树营养生长衰退，结果量开始下降，此时的修剪应使之达到复壮树势、维持产量、延长结果年限的效果。

4. 枝条的类型原则

由于各种枝条营养物质积累和消耗不同，各枝条所起的作用也不同，修剪时应根据目的和用途采取不同的修剪方式。树冠内膛的细弱枝，营养物质积累少，如用于辅养树体，可暂时保留；如生长过密，影响通风透光，可部分疏除，同时可起到减少营养消耗的作用。中长枝积累营养多，除满足本身的生长需要外，还可向附近枝条提供营养，如用于辅养树体，可作为辅养枝修剪，如用于结果，可采用促进成花的修剪方法。强旺枝生长量大，消耗营养多，甚至争夺附近枝条的营养，对这类枝条，如用于建造树冠骨架，可根据需要进行短截；如属于和发育枝争夺营养的枝条，应疏除或采用缓和枝势的剪法；如需要利用其更新复壮枝势或树势，则可采用短截法促使旺枝萌发。

5. 地上部与地下部平衡关系原则

核桃树地上与地下两部分组成一个整体。叶片和根系是营养物质生产合成的两个主要部分，它们在营养物质和光合产物的运输分配中相互联系、相互影响，并由树体本身的自行调节作用使地上和地下部分经常保持着一定的相对平衡关系。当环境条件改变或外加人为措施时（如土壤、水肥、自然灾害及修剪等），这种平衡关系即受到破坏和制约。平衡关系破坏后，核桃树会在变化了的条件下逐渐建立起新的平衡。但是，地上与地下部的平衡关系并不都是有利于生产的。在土壤深厚、肥水充足时，树体会表现为营养生长过旺，不利于及时结果和丰产。对这些情况，修剪中都应区别对待。如对干旱和瘠薄土壤中的果树，应在加强土壤改良，充分供应氮肥和适量供应磷、钾肥的前提下，适当少疏枝和多短截，以利于枝叶的生长；对土壤深厚、肥水条件好的果树，则应在适量供应肥水的前提下，通过缓放、疏花疏果等措施，促使其及时结果和保持稳定的产量。又如衰老树，树上细、弱、短枝多，粗、壮、旺枝少，而地下的根系也很弱，这也是地上、地下部的一种平衡状态。对这类树更新复壮，就应首先增施肥水，改善土壤条件，并及时进行更新修剪。如只顾地上部的更新修剪，没有足够的肥水供应，地上部的光合产物不能增加，地下的根系发育也就得不到改善，反过来又影响了地上部更新复壮的效果，新的平衡就建立不起来。

结果数量也是影响地下部分生长的重要因素。在肥水不足时，必须进行控制坐果量的修剪，以保持地下、地上部平衡。如坐果太多，则会抑制地下根系的发育，树势就会衰弱下去，并出现“大小年”现象，甚至有些树体会因结果太多而衰弱致死。

（三）整形修剪的时期

核桃树大量修剪的时期与其他果树不同。如果时期不当，则会引起严重伤流，使养分流失，造成树势衰弱，甚至枝条枯死。伤流一般于秋季落叶后 11 月中旬开始到翌年萌芽后为止，因此. 核桃一般不采用冬剪，而是以秋剪为主，夏剪为辅。

1. 秋剪

白露至霜降（采收后至落叶前半个月），秋剪促壮，宜剪弱树、老树、山上树。

2. 夏剪

立夏至小满（落花后至生理落果前），夏剪治旺，宜剪过旺不结果的树。

近年来，河北农业大学试验证明，核桃树可在休眠期修剪，认为在生长季修剪损失营养较多，比休眠期修剪影响更大。

（四）修剪的基本方法

1. 短截

剪去一年生枝条的一部分称为短截。作用是增加分枝、促进新梢生长。对旺枝的短截，可增加分枝能力，降低发枝部位，减少后部光秃，促进新梢长势，在建造树冠骨架、培养结果枝组、均衡树势、更新复壮等方面有较明显的作用。但对弱枝进行短截，则往往使其干枯。旺枝短截后，枝干的加粗、树冠扩大以及根系生长等也会有所削弱。短截越重，这种影响便越强烈。因此，在进行短截时必须注意树势和有关枝条的生长发育状况。对于旺树或强枝可进行适当短截，而对弱树弱枝一般不宜进行短截。

2. 回缩

回缩就是将带有分枝的多年生枝条，从某个分枝处剪去。它有改善下部光照条件，促进隐芽发枝，降低结果部位，控制树冠及枝组的发展，防止内膛空虚，调整延长枝的生长方向，更新复壮树势，以及延长结果年限的功效。回缩的作用因回缩的部位不同而异，一是复壮作用；二是抑制作用。生产中复壮作用的运用有两个方面：一是局部复壮，例如回缩更新结果枝组、多年生冗长下垂的缓放枝等；二是全树复壮，主要是衰老树回缩更新。生产中运用抑制作用，主要控制旺壮辅养枝、抑制树势不平衡中的强壮骨干枝等。

3. 缓放

缓放，即不剪，又称长放。其作用是缓和枝条生长势，增强中短枝数量，有利于营养物质的积累，促进幼旺树结果。除背上直立旺枝不宜缓放外（可拉平后缓放），其余枝条缓放效果均较好。较粗壮且水平延伸的枝条长放，前后均易萌发，长势近似的小枝。弱枝不短截，下一年生长一段，很易形成花芽。

4. 疏除

疏除，就是将枝条从基部剪除。疏除的对象一般为雄花枝、病虫枝、干枯枝，无用的徒长枝、过密的交叉枝和重叠枝等。疏除可以调整枝条长势，节省树体营养，减少病虫发生和蔓延，改善通风透光条件，促进树冠良好发育。疏除时，应紧贴枝条基部剪除，且不可留桩，以利剪口愈合。

疏除的作用与疏去枝条的数量和强弱有关。一般疏去衰老枝组中的细弱枝，可增强保留枝的长势，提高结果能力，而对树体不会造成什么损害。但在疏去强枝或大枝以后，常会产生抑前促后、缓上逼下的作用。即能削弱伤口前端特别是伤口同侧前方的枝条长势，而使伤口后部的枝条得到相对的增强，并刺激后部隐芽发枝，从而克服上强下弱或后秃现象，充实下部和内膛枝组。因此，在树势不均匀时，可对树势偏旺的部位适当重疏，对长势偏弱的部位则应少疏或不疏，以获得抑强扶弱的功效。但须注意，若一次疏除的大枝过多，或伤口留茬过高而致愈合缓慢，往往会对全树（包括根系）产生很强而且比较长久的削弱作用，所以，当需要疏掉过多大枝时，应有计划地分期分批去除。

5. 锯伤逼枝

在光腿部位的隐芽上方锯伤深入木质部逼出新枝。

6. 环锯

对于较大的生长旺盛、下部光秃的非骨干枝，从隐芽上方环锯深达木质部。环锯既能减弱该枝生长势，又能使下部长出小枝，以填充光秃部位的空间。采用螺旋式对口环锯比较安全，一般枝粗5~10厘米的锯1圈，10~15厘米的锯2圈，2圈间距在15厘米左右。若间距过窄，锯得过深，枝条会枯死。

7. 掰顶芽

核桃顶芽肥大，顶端优势强，往往形成大顶芽跑条，成枝率低。在未发芽前掰去顶芽或发芽后掐去幼枝嫩顶梢，均能提高成枝率，形成紧凑的结果枝组。

8. 拿枝（捏枝）

核桃枝条柔韧且叶大而肥厚，对直径5厘米以下的枝，在夏季新梢未木质化前（6月）向下弯拉，能使角度开张到需要的角度，无需棍撑绳拉。

9. 剪嫩梢

在6月修剪没有木质化的嫩梢，能使腋芽立即萌发，用这种方法促分枝，培养结果枝组，比短截木质化的枝条效果好得多。

10. 开张角度

用撑、拉、坠的方法使骨干枝角度开张。

11. 选购工具

在核桃修剪中，灵巧、适用、坚固的工具是必不可少的。目前，修剪的工具大致可以分为五类，要充分了解其名称用途和使用方法。

12. 练习修剪工具的使用和保养

（1）使用。按照工具的修剪对象和正确使用方法进行反复练习。

（2）保养。每个工具在每个工作日的使用前和使用后都要进行保养，使用前主要是调整螺丝的松紧、刀刃的打磨、保障登高用具的安全性等，使用后则主要是清洗工具、涂抹防锈油等。

13. 练习基本修剪方法

根据各种修剪方法的概念和要求，利用修剪工具进行实际操作，以巩固修剪方法的基本概念，熟练掌握各种修剪方法的操作。

（1）短截操作要点。

①针对一年生枝。

②剪口角度及留芽位置。每短截一个枝条，在下剪时一定要认清剪口芽的方向位置，剪口芽的方向一定要留在枝条生长发展的方向，否则越剪越乱。当需要延长枝按照母枝方向大体直线延伸时，应留背后芽，或稍偏离背后的芽；如需抬高新梢角度，并削弱顶端优势，可选留背上芽；若不需要削弱顶端优势，则应留稍偏离背上的侧芽；如想改变某些枝的发展，可将剪口芽留在发展一侧，新梢即向一侧伸展；如要求新梢向较空的某侧生长，可把剪口芽留在较空的某侧面。

③短截时剪口的形状及距剪口芽的远近。距剪口芽 3 厘米以上，其形状是略带斜度的剪口，这样发枝后剪口不留干桩，愈合生长好。剪口离芽太近或剪口斜面太大时将伤害剪口芽或伤及芽基范围，枝条会长到原计划的相反方向。留桩过长，极易招致病虫危害，并在一定时间内使树体生长受到影响。

（2）回缩操作要点。

①针对多年生枝。

②必须在某个分枝处。

（3）缓放操作要点。

①平斜枝直接缓放。

②直立旺枝，拉平后再缓放。

（4）疏枝操作要点。

①一般针对雄花枝、病虫枝、干枯枝、无用的徒长枝、过密的交叉枝和重叠枝等。

②小枝应紧贴枝条基部剪除，且不可留桩，以利剪口愈合。

③当需要疏掉过多大枝时，应有计划地分期分批去除。

④疏除粗大枝时要防止劈裂或撕破树皮。

(5) 锯伤逼枝操作要点。

①光腿的较细枝。

②隐芽上方。

③深入木质部。

(6) 环锯操作要点。

①较大的生长旺盛、下部光秃的非骨干枝。

②隐芽上方。

③深达木质部。

④采用螺旋式对口环锯，一般枝粗 5~10 厘米的锯 1 圈，10~15 厘米的锯 2 圈，2 圈间距在 15 厘米左右。

(7) 掰芽操作要点。

①未发芽前。

②掰去顶芽或发芽后掐去幼枝嫩顶梢。

(8) 拿枝（捏枝）操作要点。

①针对直径 5~10 厘米以下的枝。

②夏季新梢在未木质化前（6 月）。

③向下弯拉，或用手拿捏，使木质部受伤而韧皮部未断。

(9) 剪嫩梢操作要点。

①6 月。

②没有木质化的嫩梢。

(10) 开张角度操作要点。

①生长季。

②找准枝的重心，使全枝开张。

③注意衬垫，避免伤口。

④固定牢固。

14. 观察基本修剪方法的修剪反应

①不同修剪方法的修剪反应。

②相同的修剪方法在不同的品种、不同的树龄、不同生长

势的枝条上实施后的修剪反应。

二、核桃树的修剪

（一）修剪核桃树的目的任务

核桃在不同年龄时期生长发育特点不同，其修剪的目的和任务也不同。

1. 幼树期

核桃幼树期地下、地上不断扩大，这一时期的修剪任务是培养树形，加速扩大树冠，促进分枝，形成各类枝组，提早结果。

2. 初果期

结果初期的树生长偏旺，树冠仍在迅速扩大，结果逐年增加。修剪的主要任务是继续培养主、侧枝，注意平衡树势，充分利用辅养枝早期结果，开始培养结果枝组等。

3. 盛果期

核桃树定植后20年左右进入大量结果期，其盛果期可长达百年以上。此时树体已经停止扩大，产量和品质逐年上升，并达到最大最好。树冠逐渐开张，结果部位逐渐外移，部分小枝开始枯死，出现隔年结果（大小年）现象。修剪任务是维持各级骨干枝的从属关系，平衡树势，调节生长与结果的关系，改善光照，及时更新衰弱枝条，延长盛果年限，提高产量和品质。

4. 衰老期

衰老核桃树枝梢大量枯死，树冠缩小，产量下降，内膛发生较多徒长枝，出现自然更新现象。为了防止衰老现象的出现，在盛果末期就要不断更新复壮，以增强树势，延长经济寿命。

（二）核桃树常用树形

树形必须符合核桃生长特性，不同品种生长特性不同，应选择与相适应的树形。

1. 疏散分层形

干高 1.2 米左右，通常有 6~7 个主枝，分 2~3 层配置。中央领导干长势强壮，方向接近垂直。第一层主枝 2~3 个，按不同方向均匀排列、邻近排列，基角 60°。第二层主枝 2 个，上下 2 层主枝间隔距离 1.5~2 米，第三层主枝 1~2 个，第二、第三层间距 0.8~1 米。第一侧枝距离中心干 50~60 厘米，在第一侧枝对面距其 50 厘米左右留第二侧枝，第三侧枝距第二侧枝0.8~1.2 米 。特点：成形后树冠呈半圆形，通风透光良好，寿命长，产量高，负载量大，适于生长在条件较好的地区和干性强的稀植树。

2. 纺锤形

适用于早实品种的密植核桃园。干高 60 厘米左右，树高约 6 米，有中央干，直立，其上自然分布 15~20 个侧枝，向四周伸展，下部侧枝略长，外观像纺锤一样。

3. 自然开心形

干高因核桃品种和栽培管理条件不同而不同，在肥沃的土壤条件下，干性较强或直立型品种，干高为 0.8~1.2 米。自然开心不分层次，2~3 个主枝，每个主枝有斜生侧枝 2~3 个。第一侧枝距中心应当稍近，如留 2 个主枝距离为 0.6 米，留 3 个主枝为 1 米 。整形期间应注意调整各主枝间的平衡，防止背后侧枝与主枝延长枝的竞争。该树形没有明显的中心主干，成形快，结果早，结构简单，光照条件好，整形容易，便于掌握。适于土层较薄、土质较差、肥水条件不良的地区和树形开张的品种。

（三）修剪幼树

1. 定干

幼树定植后，未达主干定干高度的 1~2 年内，不进行修剪。由幼苗顶芽萌发直立生长，形成较粗壮枝条。长到定干高度时，留整形带短截定干。

2. 培养中心干

定干后，选留剪口下第一个直立的新梢作为中心干，一般不短截，由顶芽萌发新梢，继续培养作为中心干。到达第二层主枝培养的高度时，中心干短截，促使分枝形成第二层主枝。以后继续由顶芽延伸生长，到达第三层主枝培养的高度时，再短截中心干，促使分枝形成第三层主枝。当第三层主枝形成后，可不再继续培养中心干。

3. 培养主枝

各层主枝原则上利用主枝延长枝的顶芽萌发成枝，扩大树冠，不进行短截。但到达分生侧枝的长度时，需短截主枝的延长枝促进分枝，培养侧枝。

4. 培养侧枝

短截主枝延长枝后分生的侧枝，原则上也以顶芽萌发成枝，扩大树冠。但延长枝过长、光秀时，应短截以促分枝，使枝条均匀分布，将来侧枝逐步转为大型枝组。

5. 培养枝组

树冠各部的中短枝基本缓放，不进行短截，促使形成结果母枝，结果后回缩成枝组。

（四）修剪成年树

1. 修剪骨干枝

树冠成形后，中心干可以落实到第三层主枝上，主、侧枝的延长枝也不再继续培养，控制树冠不再扩大。

2. 修剪背下枝

生长在主、侧枝背后的下垂枝，生长往往强于主、侧枝，大量消耗营养，应回缩短截下垂部分，抬高角度，培养成为枝组，限定在一定的位置和空间。如无空间可彻底疏除，以保证主、侧枝的正常生长。

3. 修剪枝组

(1) 树冠内的大型枝组水平延伸过长、后部出现光秃时，应回缩短截到适当的分枝处，以促进后部萌发新枝，培养新的枝组。

(2) 交叉、密集、重叠的枝条，可适当疏除，或回缩促壮形成枝组。

(3) 树冠内发生的健壮发育枝，可用去直留斜、先放后缩的办法培养成中、小型枝组。

(4) 对徒长枝，若部位和空间适宜可夏季摘心，秋季于春、秋梢交界的育节处短截，促进分枝培养枝组。生长势较弱枝组应去弱留壮、去老留新，进行更新复壮。

4. 疏雄花

休眠期至雄花芽膨大期间，疏去全树 90%~95%的雄花芽，以节约养分和水分，提高产量和质量。疏除后剩余的 5%~10%的雄花芽，仍能保证雌、雄花比例为 1∶30 至 1∶60，可以满足核桃授粉的需要。如雄花芽数量较少可不疏除雄花芽，以保证授粉需要。

(五) 修剪老树

1. 骨干枝更新

衰弱骨干枝选有分枝处适当回缩或选新萌发的徒长枝代替原来骨干枝，重新形成树冠。核桃树潜伏芽的寿命较长，数量较多，回缩骨干枝后，潜伏芽容易萌发成枝，可根据需要进行选留、培养。

2. 枝组更新

大、中型枝组回缩短截到健壮分枝处。小型枝组去弱留壮、去老留新。树冠内出现的健壮枝和徒长枝，尽量保留培养成各类枝组，以代替老枝组。

另外应多疏去雄花序，以节约养分，增强树势。

第三节　其他管理措施

一、幼树防寒

核桃幼树枝条髓心大，含水量较高，抗寒性差，在北方比较寒冷干旱的地区，越冬后新梢表皮皱缩干枯，俗称“抽条”，妨碍幼树树冠的形成。因此，在定植后的1~2年内，需进行幼树防寒工作。具体做法有以下3种。

（一）土埋防寒

在冬季土壤封冻前，把幼树轻轻弯倒，使其顶端接触地面，然后用土埋好。埋土厚度视当地的气候条件而定，一般为20~40厘米。待翌年春季土壤解冻后，及时撤土，把幼树扶直。此法虽费工，但效果良好。据北京市林业果树研究所3年的试验证明，此法可有效地防止抽条的发生。

（二）培土防寒

对粗矮的幼树，如不易弯倒，可在树干周围培土，最好将当年生枝条埋严。幼树较高时，不宜用此法。

（三）涂白防寒

幼树涂白，可缓和枝干阴阳面的温差，防寒效果较好。宜在土壤结冻前涂抹。涂白剂的配方是：食盐0.5千克，生石灰6千克，清水15升，再加入适量的黏着剂和杀虫灭菌剂。也可用石硫合剂的残渣遍涂幼树的枝干。

二、地面覆盖

在树冠下面，用鲜草、干草、秸秆或地膜等覆盖地面，可以抑制杂草生长，减少地表水分蒸发，保持土壤湿度。覆盖物腐烂后，能增加土壤有机质，改善土壤结构，提高土壤肥力。地面覆盖，是旱作条件下有效的保墒措施之一。如北京市林业果树研究所试验表明，于3月下旬用2米×2米的地膜覆盖大树树干周围的地面，可使土壤含水量提高0.4%~6%。于4月中旬在树冠投影范围内覆盖10厘米厚的杂草并覆土，可使土壤含水量提高0.2%~4.1%。这两种方法保墒效果都很明显，且以最干旱的5月为最佳。

第四节　低产树的改造

我国现有核桃树有两亿多株，结果树在1亿株以上，除近些年发展的早实良种核桃树外，相当一部分都是结果少甚至不结果的低产树。这些低产树的存在，直接影响核桃园的经济效益。因此，尽快改造低产树，是我国目前核桃生产中的紧迫问题。

改造现有低产核桃树（园），应该从综合管理入手，因地制宜，对症下药。目前，主要有高接改换良种、改善立地条件和加强配套栽培措施等途径。

对于盛果期核桃大树，如果长期弃管，树势会逐渐衰弱，且极易发生严重的病虫危害，致使产量大幅度下降。此时，需要实施综合管理技术措施，才能恢复树势，提高产量。其主要技术措施如下。

一、加强土、肥、水管理

在秋末冬初，进行全园翻压。平地核桃园，以机耕为佳，深度在20厘米左右。如在夏季翻压，可稍浅些，以免过多地伤根而影响树体生长。翻压既能疏松土壤，消除土壤板结状况，又可将杂草压入土中，待雨季沤烂后增加土壤肥力。对多年弃管的弱树来说，加强土、肥、水管理尤为重要。施肥以厩肥、氮肥为主，并以二者同时施用效果为好。在草源多的山区，也可就近堆沤绿肥或树盘压青。追肥宜早春施一次速效性氮肥，这样有利于前期生长和雌花芽的形成。施肥量应高于正常树，并于施肥后立即灌水。

二、调整树冠结构

放任低产树，由于多年不修剪，大多表现为树冠内膛空虚，结果部位外移，枯枝较多；或枝条过多，树冠郁闭，通风透光不良；还有的树冠大枝过多，结果枝很少。改造这类树时应因树制宜，适树修剪。具体做法是：首先调整树形，对有明显主干的植株，可调整成主干疏散分层形或变则主干形，将树冠分成2~3层，共保留5~7个主枝。无明显主干者，可调整成自然开心形，交错留3~4个主枝。其次调整侧枝数量及分布。侧枝的选留，应考虑到结果枝组的培养。总的原则是，分布均匀，疏密适当，有利于生长和正常结果。再次是处理外围枝，剪除外围的下垂枝和冗长细弱枝，有空间者可重回缩，以促发壮枝。剪除干枯枝、重叠枝、交叉枝、过密枝及病虫枝，保留生长健壮的外围枝，并使之分布均匀。如果外围枝大部分为短果枝和雄花枝，可适当疏除或回缩。最后是注意结果枝组的培养，主要是在树冠内部，相隔适当的距离（0.8米左右），培养若干结果枝组，增加结果部位。

调整树冠时应注意，对壮旺树需要疏除较多大枝时，应分年分批剪除，以免一次疏除过多，造成过旺生长。此外，经过改造的大树，内膛易萌发许多徒长枝和发育枝。对此，可根据空间和枝条的生长情况，采取先放后缩或先截后放的方法，将其培养成健壮的结果枝组。

三、注意栽培措施的综合应用

综合技术措施，是指所有能够促进核桃树体生长和结果的各项管理措施的综合运用。

实践证明，与施用单项技术措施相比，综合技术更有利于提高核桃的产量。例如，河南省林州市于1984—1987年，对2.12万株核桃树采取修剪、深翻改土、扩树盘、高接换优和防治病虫等综合管理措施，结果产量比管理前的1983年提高134.5%~146.9%，投入产出比为1：29.5。河南省核桃综合技术研究协作组于1984—1988年，对结果大树进行综合技术（扩盘、中耕、施肥、修剪和防治病虫等）管理，使产量较对照树增加4倍以上。河北农业大学与涞水县林业局合作，于1982—1985年，采用综合管理技术，使1 009株40~80年生大树由低产变高产，管后第三年产量提高40%，好果率提高到99.1%。“七五”攻关协作组于1987—1990年，在北京和山西两个点，分别进行了配套栽培措施研究，结果表明，组装配套技术（包括翻耕、施肥、疏雄、修剪和种绿肥等不同处理组合），不仅可以促进放任多年核桃大树的生长和大幅度提高产量（123%~279%），而且还能提高土壤的有机质含量和改善土壤的肥力状况。

第五节　密植丰产园的管理

密植丰产，是现代果树栽培的一大趋势。它具有收益高、见效快、适于产业化经营等优点。核桃的早、密、丰栽培技术，20世纪70年代在我国的山东和辽宁等地，就开展过小面积试验。近年来，随着生产条件的改善和核桃品种化、良种化的发展，核桃密植丰产技术日益引起人们的重视，各地已相继建成一批密植丰产园。如辽宁省经济林研究所，利用“辽宁1号”早实核桃品种营建的密植园，6年生果园每亩产坚果211.3千克，8年生果园每亩产量达到277.2千克。随着核桃商品化要求的发展，核桃生产将逐渐实现产业化、基地化，密植丰产园的建设必将得到更大的发展。

一、密植丰产园的产量标准

早实、密植、丰产，是密植丰产园建设的基本特点，其中丰产是主要目的，一切栽培技术措施，最终都应围绕着丰产这一目标来制订和实施。核桃园营建成功与否，也应以其是否达到丰产标准来衡量。丰产的标准，主要依据不同年龄核桃树的结实规律、立地条件和栽培管理水平而确定。我国核桃国家标准（GB 7907—87），对密植核桃园丰产标准的规定如表6-3所示，可供建园时参考。

表 6-3　密植核桃园丰产标准

树龄（年）	5	7	10	14	20
产量（千克/亩）	45	75	105	150	225

二、密植丰产园的品种要求

密植丰产园的建设，对品种有特殊的要求，这是由密植丰产园自身的特点所决定的。

（一）早结果

密植丰产核桃园栽培密度大，要求所用品种必须具有早实性，一般应于栽后 1~3 年开花结果。40 多年来，我国已从新疆、陕西早实核桃类群中选择、培育出几十个早实核桃良种或优系，为核桃的早实丰产，提供了前提条件。

（二）早丰产

密植核桃园的丰产性，主要取决于两个基本要素，一个是单位面积上的栽植密度，另一个是所用品种的丰产性能。这里的丰产性，不仅仅是指产量高，而且还要求早期丰产性好。因为只有当单位面积栽植密度大，所用品种早期丰产性好时，密植园才能见效快，收益高。早期丰产性好的品种特点是：分枝力强，一般 2~3 年生已开始大量分枝，多呈短枝型，结果枝比例可占总枝量的 85%以上。

（三）树体偏矮与树形紧凑

密植丰产核桃园由于栽植密度大，故要求所用品种树体矮小紧凑。紧凑型品种表现为枝条短、节间短。例如，辽宁省经济林研究所培育的“辽宁 2 号”核桃品种，其五年生树高只有 1.5 米，仅相当于正常早实核桃株高的 1/2，加之它枝条短、树冠小、产量高，故很适宜于密植栽培。

（四）抗病性强

密植丰产核桃园栽植密度大，肥水条件好，园内湿度大，通风透光条件相对较差，极易诱发各种病害。故所用品种应该表现出良好的抗病性。

（五）品质优良

密植丰产核桃园结果早、产量高、商品化生产程度高。故所用品种应保证品质优良，在市场上有竞争力，以提高产品的商品价值和果园的经济效益。

三、密植丰产园的主要栽培管理技术

（一）选择合适园址

密植丰产栽培，对土、肥、水的要求，要比一般生产水平标准高。所以，选园址时应尽量选择地势平坦或坡度小、土壤深厚肥沃、具备排灌条件、背风向阳、交通方便和便于实施各种作业的地方建园。

（二）细致整地

栽植前，应根据所选园地的地形和土壤特点，因地制宜地进行整地。一般有两种整地形式：一种是在坡地上建园，应先修好水平梯田，然后在梯田面上按一定的株行距，挖栽植坑或栽植沟。另一种是平地建园，应先将土壤深翻熟化、整平，然后再挖栽植坑。栽植坑的大小为长、宽各1米，深0.8米。对栽植坑回填土时，要混拌农家肥，每株用量为50千克左右。

（三）选用合格嫁接苗

选择良种壮苗，是关系密植丰产核桃园成败的关键。为保持良种的一致性，必须采用优良品种嫁接苗木，不可用实生苗。在生产上，既可直接用健壮的嫁接苗建园，也可先定植发育健壮的砧木苗，至翌年再嫁接良种。但以前者的建园成本低、收效快。无论采用哪种方法，都要保证苗木的健壮和整齐一致，并注意雌雄异熟品种的搭配。

（四）合理密植

制定合适的栽植密度，也是密植丰产核桃园建园的关键步骤。单位面积栽植株数的多少，直接决定核桃园的整体产量。有研究表明，幼龄核桃园在一定年限内，产量随密度的加大而提高，如株行距为2米×3米（每亩栽112株）和株行距3米×3米（每亩栽75株）与株行距4米×6米（每亩栽28株）相比，前二者5年生树产量分别是后者的4.8倍和2.8倍。当然，并非密度越大越好。科学试验表明，早实核桃以4米×5米的密度长期效益较好。

为了争取达到早期丰产和后期高产稳产的目的，生产上可以采取计划密植栽培法。即开始采用中、高密度（50~100株/亩），当树体即将互相遮阴时，再间伐或移植成低密度（30株左右/亩）。具体的栽培密度，应依据园地的立地条件、品种特性以及当地管理水平而定。一般初始密度在每亩40~80株（株行距为3米×5米至2.5米×3米）。在这种密度下，利用短枝型品种，辅之以每年适度修剪，来推迟郁闭期，核桃园正常生长可以维持10~15年，每亩年产量可在150~250千克。此后，便可依据郁闭程度，适度间伐。

（五）增施肥料与疏花疏果

增施肥料，是密植丰产核桃园高产稳产的保证。施肥的依据是土壤养分状况、每亩株数、树体生长势以及结实量的多少等。一般每年每亩应施入农家肥2~3吨，追施化肥（以复合肥为准）30~40千克。农家肥应在晚秋或早春施入。追肥2~3次，一般在开花前、果实硬核前和果实采收后进行。除及时施肥外，对一些坐果率高、年年挂果较多的品种，应及时疏除一些雌花或幼果，以减少养分的消耗，保证生长与结果的平衡和连年丰产。要创造条件，测土施肥。

（六）适时灌水

保证有足够的水分供应，是提高核桃产量、改善品质必不可少的条件。尤其在果实迅速生长期，如果缺水，会直接影响果实的发育，导致坚果变小和核仁干瘪。密植核桃园因单位面积株数多，结果量多，对水分的需求量比稀植园要多，因此要保证在核桃整个生长期内的水分供应。具体的灌水时间和次数，可根据当地的实际情况而定。

（七）整形修剪

密植丰产核桃园由于栽植密度较大，培养良好的树形，控制枝条的迅速扩展，便显得更为重要。通常定干高度为50厘米左右，以主干分层形或变则主干形的树冠结构为宜。一般不宜整成开心形。总的修剪原则是，充分利用空间和光照条件，树形应有利于早期丰产和持续丰产。具体修剪方法，可参考本书早实核桃修剪部分。

（八）病虫害防治

对核桃树的病虫害，应做到以预防为主，防治结合。否则，会导致大幅度减产。

以上介绍了密植丰产核桃园的主要管理技术。从总的来看，核桃密植丰产园与稀植园相比，需要投入较多的人力和物力，采取更多的技术措施。为保证果园的高产、稳产、优质和高效，应尽可能实行集约化管理。园内的一切工作，从建园到整形修剪、肥水管理、深翻改土、中耕除草、保花保果和病虫防治，以及采收加工等各个环节，都应制订出具体的执行计划，有专人负责，并定期检查落实情况。这样，才能保证密植丰产园，有较长的盛果期和持续的高效益。

第七章　核桃主要病虫害防治技术

第一节　核桃主要病害的诊断及防治

核桃病害主要种类有核桃黑斑病、褐斑病、炭疽病和腐烂病等。

一、细菌性黑斑病

又名黑腐病，是细菌性病害。

为害特点：主要为害叶、嫩梢、花序和果实。

叶片受害后，首先在叶脉上出现近圆形及多角形小褐斑，病斑外围有水渍状晕圈，少数在后期出现穿孔现象，病叶皱缩畸形。叶柄、嫩枝上病斑长形、褐色、稍凹陷，因病斑扩展而包围枝条近一圈时，病斑以上枝条即枯死。

幼果受害时，果面发生黑色小斑点，以后逐渐扩大成片变黑，并深入果肉，使整个果实连同核仁全部变黑、腐烂、脱落。

向阳地区和抵抗力强的树在相对较潮湿区和抵抗力弱的树发病较轻。病害的发生与雨水有密切关系，水分有利于病菌的侵入。雨水多的年份和在潮湿的地区往往比干旱年份和干燥的地区发病重。

发病规律：病菌在感病果实、枝梢、芽或茎的病斑上越冬，春季细菌自病斑内溢出，借雨水和昆虫传到叶、果及嫩枝上，也可入侵花粉后借花粉传播。细菌自气孔、皮孔、蜜腺及各种伤口侵入。

二、褐斑病

由真菌引起。

为害特点：主要为害叶片，也可为害果实和嫩梢。叶片受害造成早期脱落甚至枯梢，果实被害变黑腐烂，影响树势，导致减产。

叶片感病后先出现近圆形或不规则褐斑，直径0.3~0.7厘米，中间灰色边缘暗黄绿色至紫褐色，病斑周缘与健部界限不清楚，病斑上有略呈同心轮纹排列的小黑点。病斑增多后常连成片呈枯花斑，严重时全叶枯焦而早落。果实表面病斑较小而凹陷，连片后果实变黑腐烂。嫩梢上病斑呈长椭圆形或不规则形，稍凹陷，黑褐色，边缘褐色，中间常有纵裂纹，后其上散生黑色小点。

发生规律：病菌在病残组织内越冬，翌年成为初次侵染来源，借风、雨进行传播。在雨水多的年份往往发病严重，和大树相比，苗木受害严重，有时可造成大量的枯梢。

三、核桃枝枯病

由弱性寄生菌引起。

为害特点：主要为害枝条，尤其是1~2年生枝条易受害。枝条染病先侵入顶梢嫩枝，后向下蔓延至枝条和主干。枝条皮层初呈暗灰褐色，后变成浅红褐色或深灰色，并在病部形成很多黑色小粒点。染病枝条上的叶片逐渐变黄脱落。湿度大时，病菌大量传播。

发病规律：病原在枝条、树干病部越冬，翌年条件适宜时，借风、雨或昆虫传播蔓延，从伤口侵入。该菌属弱性寄生菌，生长衰弱的核桃树或枝条易染病，春旱或遭冻害年份发病重。

四、腐烂病

又称核桃流黑水病。

为害特点：主要为害树干的皮层。

在幼树主干和侧枝上的病斑，初期近菱形，暗灰色，水渍状，微肿起，用手指按压流出泡沫状的液体，病皮变褐色，有酒糟味。病皮失水下陷，病斑上散生许多小黑点。当空气潮湿时，小黑点上涌出橘红色胶质丝状物。病斑沿树干的纵横方向发展，后期皮层纵向开裂，流出大量黑水。

大树主干上病斑初期隐藏在韧皮部，有时许多病斑呈小岛状相互串联，周围集结大量白色菌丝层。一般从外表看不出明显的症状，当发现由皮层向外溢出黑色黏稠的液滴时，皮下已扩展为纵长数厘米，甚至长达20厘米以上的病斑。后期沿树皮裂缝流出黏稠的黑水糊在树干上，干后发亮，似刷一层黑漆。枝条失绿，皮层充水与木质部剥离，随后迅速失水，枝条干枯，其上产生黑色小点，另一种是从剪锯口处发病，沿梢部向下蔓延，或向外分枝蔓延，绕枝1周，形成枯梢。

发病规律：病菌在病部越冬。翌春核桃树液流动后，遇有适宜发病条件，通过风、雨或昆虫传播，从嫁接口、伤口等处侵入，病害发生后逐渐扩展。生长期可发生多次侵染。春秋两季为一年的发病高峰期，特别是在4月中旬至5月下旬为害最重。一般在管理粗放、土层瘠薄、排水不良、肥水不足条件下生长的核桃树，树势衰弱或遭受冻害及盐害的核桃树，易感染此病。

五、炭疽病

真菌病害。

为害特点：主要为害核桃、核桃楸的果实，亦为害叶、芽、嫩枝，苗木及大树均可受害。果实受害后，病斑初为黑褐色，近圆形，后变黑色凹陷，逐渐扩大为近圆形或不规则形，于中央产生许多褐色至黑色小点，多呈同心轮纹状排列，天气潮湿时涌出粉红色的分生孢子团。发病条件适宜时，直径3毫米的小病斑即可产生分生孢子盘和分生孢子，随后变成粉红色的小突起，1个病果上可达19个病斑，病斑扩大成片后，整个果实变暗褐色，最后腐烂，变黑、发臭，果仁干瘪。

发病规律：病菌在病残体上越冬，成为翌年初次侵染来源。病菌借风、雨、昆虫进行传播，由伤口和自然孔口侵入，潜育期4~9天。发病的早晚、轻重与降水量有密切的关系。在雨季早、雨水多的年份，发病早而重；反之，发病晚而轻。株距小、通风透光不良的核桃林，往往发病严重。在核桃林附近如有苹果园，则有利于病害的发生。不同类型的核桃感病性也不相同，一般当地核桃较引进的核桃表现抗病。

六、缺铁症

又称黄叶病，缺铁引起的生理性病害，不传染。

主要症状：从幼嫩绿叶开始，叶色变白，但叶脉仍保持绿色，严重时叶缘变黄褐色枯死。

发病原因：土壤中碳酸钙过多，使土壤偏碱，铁变成不可给状态；氧气不足；生长前期水分过多，土壤温度过高或过低，减少了吸收根的发生，不能很好地吸收铁元素。

七、防治细菌性黑斑病

及时防治对核桃枝、果造成伤口的害虫，预防霜冻、低温侵害，以减少伤口和传播媒介。

清除残果、落叶、病虫枝等，以减少部分发病来源。

在发病严重地区，发芽前喷1次3~5波美度的石硫合剂，在雌花开放初期及幼果期喷2~3次1：0.5：200倍波尔多液，要注意防止药害。另外，甲基硫菌灵可湿性粉剂1 000倍液也可使用。特别注意，在降水量大、时间长及长期阴湿环境下应增加喷药次数3~5次。

八、防治褐斑病

清除病落叶和病果，剪除病枝。

开花前后和6月中旬各喷1次1：2：200倍波尔多液或50%甲基硫菌灵、多菌灵，或70%消菌灵可湿性粉剂1 000倍液，防治效果较好。

九、防治枝枯病

增施有机肥，增强树势，提高抗病能力。

生长季节及时剪除病枝，并深埋或烧毁。

秋季树干涂白，预防冻害。

主干发病，刮除病斑，并用1%硫酸铜溶液消毒伤口，外涂治病愈合膏等伤口保护剂。

在6—8月，用70%甲基硫菌灵可湿性粉剂800~1 000倍液或代森锰锌可湿性粉剂100~500倍液喷雾防治，每隔10天喷1次，连喷3~4次，效果良好。

十、防治腐烂病

用生长健壮、无病害核桃苗木建园，移栽时用多菌灵等杀菌剂浸根消毒。

培肥土壤，增强树势和抵抗力，重点是冬季施腐熟农家肥做基肥，在2—5月树木旺长时期浇施尿素、碳酸氢氨、钙镁磷肥等做追肥，浓度0.5%，6—7月雨季来临时可在距离树干20厘米以外挖环状、半环状、放射状沟施化肥后覆土做追肥，微肥一般叶面喷施。

及时清除地面的枯枝、落叶、杂草等附着物，雨季做好排水防涝工作。

搞好果园卫生，结合冬季修剪和春季抹芽、疏梢，及时清除果园病枝、枯枝、死树，集中烧毁。

冻害或日灼易发生的核桃林，冬春树干须涂白。

冬季逐树检查，对发病树株，刮除病斑后立即喷涂10%多菌灵50~100倍液或25%甲霜灵100倍液。

早春对树干喷洒1∶1∶200倍波尔多液或20%石硫合剂100倍液；秋末对树冠及内部枝干喷洒77%氢氧化铜（可杀得）500~600倍液，或10%多抗霉素250~300倍液。

十一、防治炭疽病

清除菌源。及时从园中捡出落果病果，扫除病落叶，结合冬剪，剪除病枝；集中烧毁。

加强栽培管理，进行合理修剪，保持核桃林的通风透光。核桃林最好远离苹果园。

发芽前喷洒 3~5 波美度石硫合剂，消灭越冬病菌。展叶期和 6—7 月间各喷洒 1∶0.5 ∶200 倍波尔多液 1 次。

发病严重的核桃园，于 5—6 月发病期间，喷洒 50%甲基硫菌灵可湿性粉剂 1 000~1 500 倍液，并与 1∶2∶200 倍波尔多液交替使用。

十二、预防缺铁症

增施农家肥，可使土壤中的铁变为可溶性铁，以利于核桃吸收，或将硫酸亚铁和农家肥混合施用。

对黄化树木可用铁盐溶液进行树冠喷洒、树干注射或土壤灌根。从长期效果看，用 0.1%柠檬酸铁溶液或 0.1%硫酸亚铁溶液喷洒，用硫酸亚铁 1.5%，硫酸镁 0.5%、尿素 5%溶液进行树干注射，或者用 1∶30 的硫酸亚铁浇灌，均有效。

第二节　核桃主要虫害的诊断及防治

一、云斑天牛

学名云斑白条天牛，又称铁固牛、铁炮虫。

为害特点：主要为害枝干，为害严重的地区受害株率达 95%。被害部位皮层稍开裂，从虫孔排出大量粪屑。受害后皮层开裂。成虫羽化孔多在上部，呈一大圆孔。受害树有的主枝死亡，有的主干因受害而整株死亡。

发生规律：云斑天牛发生世代数因地而异，越冬虫态也有不同。一般 2 年发生 1 代，跨 3 个年度。以成虫或幼虫在树干内越冬，4 月下旬开始活动，5 月为成虫羽化盛期，6 月中下旬为产卵盛期。幼虫淡黄色，无足；成虫黑褐色或赤褐色，有假死和趋光习性。

二、核桃银杏大香蛾

成虫体长 25~60 毫米，翅展 90~150 毫米，体灰褐色或紫褐色。末龄幼虫体长 80~110 毫米，体黄绿色或青蓝色，背线黄绿色。

为害特点：幼虫取食寄主植物的叶片成缺刻或食光叶片，严重影响产量。发生规律：1年1代，以卵越冬。一般4月中下旬孵化，幼虫5—6月为害，经5龄后，于6月中旬至7月上旬结茧化蛹，8月中下旬羽化。

初孵幼虫多栖息于茧内外，叶背或树干树皮缝隙间，日间温暖时爬上枝条取食新叶，常数十条或十多条群体聚集叶片取食，1~2龄时即能从叶缘咬食，使叶成缺刻状，但食量甚微，3~4龄时较分散，食量渐增，近蜕皮时常数条挤在一起，5~6龄时分散为害，食量大增，被害状显露。

中午炎热时，幼虫沿树干爬下到阴凉处停息或喝水，幼虫共6龄，历期36~58天，6月下旬至7月上中旬，老熟幼虫在枝条叶丛间或树下杂草、灌木上缀叶结茧化蛹，蛹期2~4个月。

成虫8月中旬至10月上中旬羽化，羽化时间多在17—20时，少数在清晨5—6时，展翅后当晚和次晚交尾，交尾历时24小时左右，交尾后经12小时开始产卵，卵产在茧内、老树皮或缝隙中，聚集成堆，每次产卵量为200~300粒。成虫飞翔力强，有趋光性，寿命5~7天。

三、介壳虫

主要为桑白蚧。为害叶片、枝条和果实，终生寄居在枝叶或果实上，造成叶片发黄、枝梢枯萎、树势衰退，且易诱发膏药病、煤烟病等病害发生。抗药能力强，一般药剂难以进入体内，防治比较困难。因此，一旦发生，不易清除干净。

四、核桃根象甲

又名横沟象。该虫主要为害初果期树和盛果期树。

为害特点：以坡底沟洼和村旁土质肥沃的地方及生长旺盛的核桃树受害较重。由于该虫在核桃根颈部皮层中串食，破坏了树体输导组织，阻碍水分和养分的正常运输，致使树势衰弱，轻者减产，重者引起树株死亡。幼虫刚开始为害时，根颈皮层不开裂，无虫粪及树液流出，根颈部有大豆粒大小的成虫羽化孔。当受害严重时，皮层内多数虫道相连，充满黑褐色粪粒及木屑，被害树皮层纵裂，并流出褐色树液。

发生规律：该虫 2 年发生 1 代。幼虫为害期长，每年 3—11 月均能蛀食，12 月至翌年 2 月为越冬期。幼虫和成虫在根际皮层中越冬。90%的幼虫集中在表土下 5～20 厘米处，距主干140～220 厘米侧根处也有危害。经越冬的老熟幼虫，4—5 月在虫道末端化蛹，到 8 月上旬结束，蛹期平均为 17 天。初羽化的成虫不食不动，在蛹室停留 10～15 天，然后爬出羽化孔，经 34 天左右取食树叶、根皮补充营养。5—10 月为产卵期。幼虫白色，无足，稍弯曲。

五、核桃举肢蛾

俗称核桃黑，属鳞翅目举肢蛾科。

为害特点：该虫主要为害果实，常引起核桃大量落果，造成被害果果仁干枯，核桃变黑干缩。

发生规律：在山西、河北 1 年发生 1 代，河南 2 代，以老熟幼虫在表土中结茧越冬。第一代成虫 6 月上旬羽化，第二代 8 月上旬羽化。成虫产卵于核桃两果接缝处、果柄基部凹陷处和果实端部残存柱头处。每果产卵 1～4 粒，后期每果可产 7～8 粒。幼虫在青皮内纵横窜食，为害 30～45 天老熟后脱果入土，结茧越冬。据调查，多雨年的受害程度比干旱年的重，荒坡的受害程度比耕地的重，阳坡的受害程度比阴坡的重。

六、核桃叶甲

别称核桃金花虫、扁叶甲。

为害特点：以成虫、幼虫群集为害核桃、核桃楸、枫杨等，受害叶呈网状，仅留主脉，其形状如同火烧，该虫害影响着树势及产量，严重时直接导致树死亡。成虫在树干基部皮缝和地面覆盖物中越冬，越冬成虫于展叶后开始活动。

发生规律：1 年发生 1 代，卵产于叶背面聚集成块，每块

20~50粒。幼虫孵化后群集在树叶背面咬食叶肉，使叶呈现一片枯黄。6月下旬幼虫老熟，以腹部末端附于叶上，倒悬化蛹，蛹期4~5天。成虫羽化后进行短期取食即潜伏越冬。

七、核桃小蠹

别名黄须球小蠹。

为害特点：以成虫和幼虫蛀食核桃枝梢和芽，常与核桃举肢蛾、小吉丁虫同时为害。

发生规律：北方地区1年发生1代。以成虫在顶芽或叶芽基部蛀孔越冬，蛀入深度一般在5毫米左右。越冬成虫在4月上中旬开始出蛰，然后转移到健芽的基部和多年生枝上蛀食为害。4月中旬开始产卵。每头雌虫平均产卵24粒，卵期10天左右。幼虫孵化以后，蛀食边材浅层。至6月上旬，老熟幼虫开始在2~3年生的枝条上蛀成圆形蛹室化蛹，蛹期6~7天。羽化虫向外蛀食一个圆形的脱出孔，羽化盛期在7月上中旬。

八、核桃小吉丁虫

核桃小吉丁虫又名串皮虫。

为害特点：以幼虫为害核桃1~3年生枝条。幼虫在枝干皮层内串圈为害，螺旋状取食。被害处枝膨大成瘤状，表皮变为黑褐色，输导组织受到破坏，导致枝脱水干枯，严重时全株枯死。

发生规律：该虫1年发生1代，以幼虫在2~3年生被害枝内越冬。5月中下旬开始化蛹，盛期在6月，化蛹期持续2个多月，7月为成虫发生盛期和产卵期。成虫钻出枝后，经10~15天取食核桃叶片补充营养，然后开始交尾产卵。卵多产在树冠外围和生长衰弱的2~3年生枝条向阳光滑面的叶痕上或其附近处，散产，一个枝条上可产卵20~30粒，卵期约10天。初孵幼虫即在卵的下边蛀入表皮为害，随着虫体增大，逐渐深入到皮层和木质部中间为害，隧道呈螺旋状，内有褐色虫粪，被害枝表面除有不明显的蛀孔道痕外，还有许多月牙形通气孔。受害枝条上的叶片枯黄早落，翌年春季干枯。8 月下旬后，幼虫陆续蛀入木质部，做蛹室越冬。

九、芳香木蠹蛾

又名杨木蠹蛾。

为害特点：以幼虫为害树干、根颈部及根部皮层和木质部。被害植株枝叶发黄，树势衰弱，虫道环割树干后，可造成全株枯死，尤以中老龄树受害严重。此虫除为害核桃外，还为害杨、柳、苹果、榆、栎等。

发生规律：2~3 年 1 代，以幼龄幼虫在树干内及末龄幼虫在附近土壤内结茧越冬。5—7 月发生，产卵于树皮缝或伤口内，每处产卵十几粒。幼虫孵化后，蛀入皮下取食韧皮部和形成层，以后蛀入木质部，向上向下穿凿不规则虫道，被害处可有十几条幼虫，幼虫受惊后能分泌一种特异香味。

十、防治云斑天牛

1. 物理防治

当幼虫蛀入树干后，找出最新排粪孔，除去粪便、木屑，用细铁丝将尖端制成小钩，钩杀幼虫；清除虫害严重、已无产果能力的枯树或枯枝，集中烧毁。

成虫大量羽化期，利用人工捕杀成虫；及时挑除枝叶上的虫卵，发现有产卵破口刻槽，用锤敲击，可消灭虫卵和初孵幼虫。

利用成虫趋光和假死习性，晚上用灯光引诱到树下捕杀。白天经常观察树叶、嫩枝，发现有小嫩枝被咬破且呈新鲜状时，在附近即可捕捉到成虫。成虫产卵后，经常检查。

2. 化学防治

找出最新排粪孔，用铁丝除去粪便、木屑，用 2. 5%溴氰菊酯 50 倍液注射到虫孔中，或用 56%磷化铝片剂（每片约 3 克，分成 10~15 小粒，每份 0. 2~0. 3 克）塞入虫孔中用泥封严洞口；7月成虫出现之前，将新鲜的半夏叶子团成小球形，塞入虫孔，用泥封口；成虫羽化盛期，树冠喷洒2.5%溴氰菊酯2 000倍液，杀灭虫卵。

在冬季或产卵前，用核桃保果灵Ⅰ号涂刷树干；在有虫眼的地方用铁丝将虫眼内木屑清除干净，再用注射器将核桃保果灵Ⅰ号原药注入虫孔，用泥土封死孔口，杀虫效果均较好。

十一、防治银杏大蚕蛾

1. 人工防治

(1) 灭卵。每年12月至翌年2月，采取人工灭卵，可采用砸、凿、刮等方法，消灭树皮缝隙间或枝丫处卵块，或采用树干涂白，用石灰浆或石硫合剂涂干，从地面到树干1.5米处刷白，可消灭卵块。

(2) 灭幼虫。4月中旬至5月下旬，利用3龄以前幼虫群集性，集中消灭初孵幼虫。

(3) 灭蛹。7—8月摘除树上、杂草丛间茧蛹，集中消灭。

2. 化学防治

对虫口密度大、3龄后幼虫较多、受害严重的局部地区可采用化学防治，用0.2%氰戊菊酯喷雾器进行喷洒，消灭幼虫。

3. 生物防治

5月中旬选择风较大天气，施放高孢粉，用鞭炮和塑料袋将高孢粉包扎，然后点燃鞭炮扔向空中，使银杏大蚕蛾幼虫感染白僵菌孢子而死。

4. 物理防治

8月下旬至9月间，进行灯光诱蛾，诱杀刚孵化成虫，通过减少产卵而控制翌年虫害发生。

十二、防治介壳虫

1. 物理防治

剪除严重虫害枝，集中烧毁；用硬刷子刷去枝干上的成虫。

2. 化学防治

冬季喷 3~5 波美度石硫合剂进行树干涂白能有效预防；春季若虫孵化期（5 月、7—8 月）使用复配农药用 48%毒死蜱 1 500 倍液+1.8%阿维菌素 3 000 倍液+10%吡虫啉 1 000 倍液+3%多抗霉素 500 倍液+代森锰锌 800 倍液，也可树体喷洒 25%水胺硫磷 1 500 倍液，杀死若虫。

十三、防治核桃根象甲

阻止成虫产卵。根据成虫有在根部产卵的习性，可在产卵前，挖开树干基部的土层，用石灰泥浆封住根颈部，防止成虫产卵。此法简便易行，效果很好。

挖土晾根。冬春季结合耕翻树盘，挖开根颈部土壤，刮去根颈粗皮，降低根部温湿度，造成不利于幼虫越冬的环境，可使虫口下降 75%~85%。

灌尿毒杀。冬季大寒时，在树根部灌入人粪尿，杀虫率达 56%，加少量石灰（250 克/株），杀虫率达 67%。

药剂防治幼虫。在春季幼虫开始活动为害时，挖开树干基部的土壤，撬开根部老皮，灌注 50%杀螟硫磷乳剂 200 倍液，或 50%磷胺乳剂 200 倍液，或 50%辛硫磷乳剂 200 倍液，然后封土，防治幼虫，效果良好。

药剂防治成虫。在夏季 6—7 月成虫盛发期，用 50%三硫磷乳剂 1 000 倍液，也可用每毫升含孢子 2 亿个的白僵菌液在树冠和根颈部喷雾，以防治成虫。

注意保护天敌。寄蝇对幼虫的寄生率可达 18%，蛹和幼虫有 7%被小黄蚁取食，伯劳鸟可捕食成虫，白僵菌对蛹的自然感染率达 9.1%，对这些天敌应注意保护利用。

十四、防治核桃举肢蛾

深翻树盘。晚秋季或早春深翻树冠下的土壤，破坏冬虫茧，可消灭部分越冬幼虫，或使成虫羽化后不能出土。

树冠喷药。掌握成虫产卵盛期及幼虫初孵期，每隔10~15

天选喷 1 次 50%杀螟硫磷乳油或 50%辛硫磷乳油 1 000 倍液、2.5%溴氰菊酯乳油或 20%氰戊菊酯乳油 3 000 倍液等，共喷 3 次，将幼虫消灭在蛀果之前，效果很好。

地面喷药。成虫羽化前或个别成虫开始羽化时，在树干周围地面喷施 50%辛硫磷乳油 300~500 倍液，每亩用药 0.5 千克，或撒施 4%敌马粉剂，每株 0.4~0.75 千克，以毒杀出土成虫。在幼虫脱果期树冠下施用辛硫磷乳油或敌马粉剂，毒杀幼虫也可收到良好效果。

摘除被害果。受害轻的树，在幼虫脱果前及时摘除变黑的被害果，可减少下一代的虫口密度。

十五、防治核桃叶甲

人工防治。冬季人工刮除树干基部的老树皮，可消灭越冬成虫，或在翌年成虫上树为害期捕捉成虫。

药剂防治。幼虫期喷洒 10%氯氰菊酯乳剂 8 000 倍液。

十六、防治核桃小蠹

1. 农业防治

秋季采果后至落叶前或春季核桃发芽后 1 个月内把树上的干枯枝全部剪除，集中烧毁。剪枯枝时注意要多剪一段活枝段，以防幼虫被遗漏。

2. 物理防治

(1) 诱杀产卵成虫。核桃发芽后，在树上悬挂 3~5 束半干的核桃枝条，诱集核桃小蠹成虫产卵，产卵结束后，及时将枝条烧毁。

(2) 树干涂白。冬季或早春，用石灰 5 千克、硫黄 0.5 千克、食盐 0.25 千克、水 20 千克充分拌匀后，涂刷树干 2 米以下范围，阻隔成虫产卵，可杀死树干上的幼虫。

3. 化学防治

(1) 虫孔注药。发现虫孔时，用兽用注射器将 50%辛硫磷乳剂200倍液或48%毒死蜱乳油300倍液注射虫孔，后用黄泥封口，可熏杀幼虫。

（2）药塞虫孔。3—4月核桃小蠹幼虫还在虫孔里，发现虫孔，将蘸有敌敌畏5~10倍液的棉球塞入虫孔，并用黄泥封口，即可熏杀幼虫。

（3）树冠喷药。在成虫产卵期和卵孵化期，结合防治举肢蛾、刺蛾等害虫，树冠喷洒10%高效氯氰菊酯乳油3 000~4 000倍液，或10%吡虫啉可湿性粉剂或乳油3 000~4 000倍液，或20%氰戊菊酯乳油3 000~4 000倍液。

（4）树干喷药。在6月中旬产卵初期，对树干喷布（以树皮湿润不淌为度）1%绿色威雷2号微胶囊水悬剂200倍液防治成虫，防治率达97.4%。

（5）烟雾剂熏杀。核桃树集中成片的地方，在成虫发生期，结合防治食叶害虫，每亩用1~1.5千克“741”插管烟雾剂，流动放烟，熏杀成虫。

十七、防治核桃小吉丁虫

加强对核桃树的肥水、修剪、除虫防病等综合管理，增强树势，促使树体旺盛生长，是防治该虫的有效措施。

采收核桃后至落叶前，发芽后至成虫羽化前结合修剪，人工将黄叶枝和病弱枝、枯枝等剪下烧毁，剪时注意多往下剪一段健壮枝，防止遗漏，效果显著且可靠。

7—8月，经常检查，发现有幼虫蛀入的通气孔，立即涂抹5~10倍氯氰菊酯，可杀死皮内小幼虫，或结合修剪剪去受害的干枯枝。

十八、防治芳香木蠹蛾

及时发现和清理被害枝干，消灭虫源。

用50%辛硫磷乳剂100倍液刷涂虫疤，杀死内部幼虫。

树干涂白防止成虫在树干上产卵。

成虫发生期结合其他害虫的防治，喷50%的辛硫磷乳油

1 500 倍液，消灭成虫。

及时剪除为害的新梢，消灭幼虫，防止扩大为害。

第三节　各物候期核桃病虫害的无公害综合防治

一、春季管理

及时清理园中的杂草、落叶，并集中焚烧或沤肥。建议在 3 月下旬喷施 3~5 波美度石硫合剂，或 50% 多菌灵可湿性粉剂 1 000 倍液等。黑斑病、腐烂病的防治，可在患病处用刀深划至木质部位，然后将石硫合剂或者多菌灵等涂抹至切口处，切口间隔以 1 厘米为宜。涂白可防治核桃小吉丁虫产卵危害，涂于小幼树全部和大树的 1.2 米以下的主干上。

二、夏季管理

危害核桃树的主要病害为炭疽病、黑斑病以及腐烂病等，主要虫害包括美国白蛾、云斑天牛、核桃举肢蛾、刺蛾以及金龟子等。针对炭疽病、黑斑病的防治，应在出现发病症状后，及时刮除病斑，并在病处喷施 70% 甲基托布津、50% 多菌灵可湿性粉剂 1 000 倍液，或涂抹 5~10 波美度石硫合剂。针对云斑天牛虫害，应及时人工扑杀，亦可用浸有杀虫剂的棉球封堵冲孔。对于美国白蛾，应及时喷施灭幼脲 3 号药液 1 500 倍液，并将网幕剪除。为了做好举肢蛾、刺蛾、金龟子等虫害的防治工作，应在 5 月中下旬喷施喷辛硫磷药液，并在 6 月上旬施用灭幼脲或菊酯类药液。

三、秋冬季管理

深翻果园，首先，可以将病虫卵翻出地面，破坏其生存环境，使其冻死或被杀死，减少病虫存活几率；其次，可以疏松园地，增强土壤通透性，利于核桃树根系生长。

树干涂白，通过将硫黄粉、石灰、水按照比例为 1∶10∶40 制成的混合液涂抹到核桃树干上，可以有效地防治腐烂病，又可以有效抵御云斑天牛和核桃瘤蛾等害虫的侵害。冬季刮皮除害尤为关键，可通过刮除干的翘皮、病皮、病斑的方式将一部分病虫数量减少，刮下来的树皮应及时运出园地，并集中烧毁或消毒后填埋。

四、冬季管理

冬季核桃树进入休眠期，为害核桃树的各种病虫会以不同形式进入越冬，潜伏场所一般固定而集中，抓好这一时间的病虫防治，会给来年的病虫害防治打下良好的基础，对减轻果园全年病虫为害可收到事半功倍的效果。

（一）深翻

果园核桃园地深翻应在初冬接近封冻时期进行，即把表层土壤、落叶和杂草等翻埋到下层，同时把底土翻到上面，翻园的深度以 25~30 厘米为宜。经过翻园，既可以破坏病虫的越冬场所，把害虫翻到地表上杀死、冻死或被鸟和其他天敌吃掉，减少害虫越冬数量；又可疏松土壤，利于果树根系生长。

（二）彻底清园

许多为害果树的病菌和害虫常在枯枝、落叶、病僵果和杂草中越冬。因此，冬季要彻底清扫果园中的枯枝落叶、病僵果和杂草，集中烧毁或堆集起来沤制肥料，可降低病菌和害虫越冬数量，减轻翌年病虫害的发生。

（三）刮皮

除害各种病菌和害虫大都是在果树的粗皮、翘皮、裂缝及病瘤中越冬。进入冬季，要刮除果树枝、干的翘皮，病皮、病斑和介壳虫体等，可直接除掉一部分病菌和害虫。同时，将刮下的树皮集中烧掉，刮后用石硫合剂消毒。

（四）剪除病虫枝

结合冬季修剪去病虫枯枝，摘除病僵果，集中烧毁，可以消灭在枝干上越冬的病菌、害虫。

（五）树干涂白

大树干上涂上涂白剂，既可以杀死多种病菌和害虫，防止病虫害侵染树干，又能预防冻害。涂白剂的配方是：食盐 0.5 份，生石灰 6 份，清水 15 份，聚乙烯醇 1 份。涂白剂的配制程序为：先将聚乙烯醇水溶液配制好，然后按比例加入食盐和生石灰。聚乙烯醇的熬制方法：先将水烧至 50℃左右，然后加入聚乙烯醇，随加随搅拌，直至沸腾，然后用文火熬制 20~30 分钟后即可，不烫后再使用。配好的液体刷干以薄又能均匀粘着为宜。先涂白、后培土效果更好。

（六）绑把诱虫

入冬时，在果树上绑上草把，诱害虫到草把上产卵或越冬。入冬后再把草取下集中烧掉，可把草把中冬眠的害虫杀灭。

第四节　核桃病虫害的综合防治

一、防治原则

（一）预防为主

从生物与环境的总体出发，本着预防为主的指导思想和安全、经济、有效、简易的原则，以农业综合防治为基础，合理运用物理、生物技术及化学药剂防治等措施，同时要保护有益生物，合理选择防治方法，保证人畜安全，避免或减少对环境的污染。

（二）主次兼治

抓住当地主要病害或害虫种类，集中力量解决对生产危害最大的病虫害问题。密切注意次要病虫害的发展动态和变化，有计划、有步骤地防治较为次要的病虫。新建核桃园应避免苗木传带的危险性病虫；幼龄园病虫害的防治重点是为害叶片和枝干的害虫；成龄园防治重点是为害果实和枝干的病虫害。各地应根据调查和预测结果制定当地病虫害防治对象和措施。

（三）点面结合

核桃病虫害防治主要是防控群体发生、传播与危害。单株发生是群体发生的开端。所以，在全面防治之前，必须重视少数植株的病虫害发生和防治，是预防病虫害由点到面扩大流行的有效措施。

（四）合理防治

以最少的人力、物力、财力发挥最大效果地控制病虫危害是搞好果树病虫害综合治理的基本要求。要做到这一点关键在于掌握病虫的发生规律和发生特点。合理防治的指标是：除少数特别危险性或检疫性病虫害要立足于彻底控制外，对绝大多数病虫害不必要求完全不发生。如对叶部病虫害，要求大部分叶片不早期脱落即可。果实病虫害能控制到病虫果率不超过5%即可。

（五）合理用药

农药虽然是保证果树健康生长发育的主要措施之一，但使用不当则污染环境，增加防治成本，造成农药残留。还会使生态平衡受到严重破坏，诱发许多病虫严重发生，进而导致农药用量进一步增加，形成恶性循环。所以，首先应该选用高效、低毒、低残留的专化性药剂，逐渐淘汰高毒、高残留的广谱性药剂。防治中要求对症下药，重视推广非农药防治措施，减少对农药的依赖性。

（六）农药使用标准和要求

生产优质安全果品的果园，应禁止使用剧毒、高毒、高残留和致畸、致癌、致突变的农药。尽量采用低毒高效、低残留农药，降低残留与污染，保证防治效果，控制病虫危害。此外，要求耐雨水冲刷，减少用药次数。选用混配农药时，既要注意发挥不同类型药剂的作用，又要避免产生负面作用。在使用化学方法防治病虫害时应注意：一是禁用高毒、高残留、高致病农药，有节制地使用中毒低残留农药，优先采用低毒低残留或无污染农药。二是严格执行安全用药标准，选择作用机理不同的农药交替使用，提高防治效果。三是依据病虫测报科学用药。

二、综合防治

核桃病虫害的种类较多，防治措施多种多样，仅仅依靠农药防治往往事倍功半，还会对环境及果品造成污染。应从生态学的整体观念出发，采用检疫防治、农业防治、人工防治、物理防治、生物防治及化学防治等综合措施，把病虫控制在经济受害水平之下。

（一）检疫防治

从外地引进或调出的核桃苗木、种子或接穗时，必须进行严格的检疫检验，防止危险病虫害的传入扩散。

（二）农业防治

农业防治是在认识病虫、果树和环境条件三者之间的相互关系的基础上，采用农业栽培措施，创造有利于果树生长发育的环境条件，提高果树的抗病虫能力。同时，创造不利于病虫害繁殖和传播的环境条件，直接消灭病虫害，控制病虫害发生的程度，从而取得化学农药防治所不及的效果。如利用抗病品种，培育无病虫苗木，科学修剪，调整结果量，实行合理的耕作制度与肥水管理等。

（三）物理防治

利用简单工具和各种物理因素，如光、热、电、温度、湿度和放射能、声波等防治病虫害的措施称为物理防治。我国古老而又年轻的一类防治手段如徒手捕杀或清除、园内安装黑光灯或在果园堆火，诱杀害虫的成虫；用糖醋液和性外激素诱杀等方法诱杀消灭害虫等。河北省邢台市绿蕾农林科技有限公司2010年采用频振式杀虫灯诱杀金龟子、天牛、蝇类、椿象、吸果夜蛾、潜叶蛾、小绿叶蝉、黑刺粉虱等50多种果树害虫，效果良好，适合于集中连片核桃园。具有操作方便、成本低、维护生态平衡、杀虫范围广、节约农药投入、减轻劳动强度、减少环境污染、保护天敌、对人畜安全等优点。

（四）生物防治

生物防治是利用有益生物或其他生物抑制或消灭有害生物的一种防治方法。它的最大优点是不污染环境，是农药等非生物防治病虫害方法所不能比的，对无公害果品生产有重要的意义。

（五）化学防治

利用化学农药杀死病菌和害虫的方法称化学防治。化学防治见效快、效率高、受区域限制较小。对大面积、突发性病虫害可于短期迅速控制。但长期施用一种农药易造成病虫抗药性增加，农药残留物污染环境。但防治方法简单、效果快、便于机械化作业，仍是我国果树病虫害最有效的防控手段。但应对症下药，适时用药和保证喷药质量，以及交替用药，防止病虫产生抗药性。

第八章　核桃采后处理加工技术

果实采收和采收后的商品化处理，是实现优质、高效益的重要环节，也是产品增值和进入商品市场的最后一道管理程序。核桃果实采收期对坚果品质有重要的影响，又因品种不同、地域不同、用途不同，果实适宜采收期有所差别。采收后果实脱青皮，坚果清洗，坚果干燥、贮藏、分级、包装等环节，是提高坚果的商品性状、产品价值和市场竞争力的重要措施，各主产国都非常重视。

第一节　采收适宜时期

一、不同产地和品种的采收适期

核桃果实成熟的外部特征是：青果皮由绿变黄，部分顶部出现裂纹，或青果皮容易剥离。内部成熟特征是：种仁饱满、幼胚成熟、子叶变硬、风味浓香。核桃在成熟前 30 天左右果实和坚果大小基本稳定，但种仁重量、出仁率与脂肪含量均随采收时间适宜推迟而呈递增趋势。不同的品种和不同的用途要求的采收期不同，通常 1 株树上的果实青皮裂口达 1/3 时，即为适宜采收期。

二、不同用途品种的采收期

（一）干制核桃

根据不同采收期种仁内含物变化的测定结果，应在青皮变黄、部分果实出现裂纹、种仁硬化时采收。

（二）鲜食核桃

鲜食核桃是指果实采收后保持青鲜状态时，食用鲜嫩种仁。

鲜食核桃应早于干制核桃采收，应在果实青皮开始变黄、种仁含水量较高、口感脆甜时采收。

（三）油用核桃

油用核桃的种仁含油率、坚果出仁率和成熟度有密切关系。因此，应选种适宜油用品种，采果期应在果实充分成熟、种仁脂肪含量最高时采收。

澳大利亚的核桃果实采收期通常在 3 月底至 5 月初。因为果实青皮成熟晚于坚果，青皮显现成熟时，坚果已达过熟，影响果仁品质。故多提前 5~10 天采收，可获得浅色果仁。采收方法如下。

按不同的成熟期实行分期采收。

树上喷施乙烯利，促进果实成熟一致，实行机械采收。

机械采收可提高生产效率，保证果实品质。主要采用美国、加拿大和本国生产的振动落果机、清扫集条机和拣拾清选机。

三、采收方法

核桃果实采收方法有人工采收法和机械振动采收法两种，我国普遍采用人工采收法。人工采收是在果实成熟时，用木杆或竹竿敲击果枝或直接敲落果实，然后收集落地果集中处理。机械振动采收法是先进国家采收核桃果实的方法。于采收前10~20 天在树上喷布 500~2 000微克/克的乙烯利催熟，然后用机械振动树干，使果实振落于树下承接果实的收集箱。2 种采收方法均应在采果前将地面早落果、病果、虫果和残伤果等拣拾干净，并做妥善处理。打落的果实应剔除病虫果，并将完好青皮果和青皮破伤果分别放置和处理。

第二节　脱青皮及坚果干燥处理

一、堆沤脱青皮

堆沤法是脱青皮的传统方法。将采摘的核桃果实堆沤 7 天左右，待堆内青皮腐烂后进行人工去青皮和清洗污物。此法虽然简单易行，但脱青皮后约有 46.7%的坚果表面污染变黑，30.6%的坚果表面有局部污染，核仁变质率达 7%以上。为使坚果表面洁净，还需漂白消除表面污染，但这易对坚果造成二次污染，不符合无公害食品的生产要求。

二、乙烯利脱青皮

此方法是我国主产区广泛使用的脱青皮方法。可先在采后的核桃果实表面喷洒乙烯利，或用浓度为 3‰~5‰的乙烯利浸果 1 分钟，然后堆成直径为 50 厘米左右的果堆，上面覆盖塑膜 2~3 天，脱青皮率可达 95%。此方法比堆沤法脱皮快，仅少量坚果表面有局污染，核仁变质率约为 1.3%。

三、冻融脱青皮

此法是利用冷冻和融化交替的方法去除青皮。方法是：将采摘、挑选后的鲜核桃进行-25~-5℃低温冷冻，待核桃青皮冻透后，再升温至 0℃以上融化。待核桃青皮开裂和流汁软化后，通过人工拍打、翻动和揉搓等方法去掉青皮。冻融后使用机械剥离速度快、剥离率高，可实现流水作业。

四、机械脱青皮

用机械剥青皮可加一定量的清水，配合清洗工序一并进行。该方法脱皮快、脱皮率高、没有污染。剥离青皮后的坚果用清水去除壳表面的青皮残渣。

脱青皮是通过转磨盘和硬钢丝刷揉搓，使青皮与坚果脱离，应在采果后 1~2 天内完成，以防果仁变质；坚果清洗是将坚果放入回转式圆筒筛并导入清水进行清洗，如需漂洗，可用 2%的次氯酸钠溶液漂洗；坚果干燥是使坚果达到合适的水分含量，防止坚果发霉和仁色变深，有利于长期贮藏，坚果干燥要求坚果含水率达到 3%~4%，可贮藏 1 年；坚果破壳与坚果的大小、形状和壳厚度有关，破壳前需对坚果按照大小分级。果壳含水率对破壳率和果仁完整率有直接影响，所以在破壳前需将果壳含水率从3.5%左右增加到6.5%，再放置24小时后用自动破壳机破壳。破壳机有美国生产的Mever人工辅助破壳机和MDI公司生产的Quantz Cracker破壳机2种，破壳能力为600~950个/分钟（不需要人工辅助）。

五、坚果干燥

脱掉青果皮和洗净表面的坚果，应尽快进行干燥处理，以提高坚果的质量和耐贮运能力。坚果干燥方法主要有场院晾晒和设备烘干2种方式。

场院晾晒是在天气晴朗的条件下，将清洗过的坚果在露天场院阳光下晾晒，以促进坚果内部水分蒸发，降低坚果和果仁的含水率。也可摊放在通风透气的层架上分层晾晒，可以扩大晾晒空间。坚果摊放的厚度不要超过2层，并应及时翻动。

设备烘干是应对南方采收期阴雨天气较多，北方秋雨连绵不断，不利于核桃坚果脱水干燥的措施。坚果烘干可利用烘干房、热风烘烤设备等，加速坚果脱水干燥。烘干房的容积和面积依烘干坚果多少而设计，热风烘烤主要用热气发生炉和鼓风机，使热风在烘干箱内循环，将水分和湿气排出箱外。烘干设备的热源有电热加温、燃煤加温、木柴加温等。设备烘干的温度均应控制在30~40℃，最高不能超过45℃，以免种仁变质。

坚果干燥度的判断方法是：种仁含水率为6%~7%，坚果的内横隔易折断，果仁酥脆，坚果碰撞的声音响脆。

澳大利亚核桃采收后的加工工艺流程是：青皮果→脱青皮→坚果清洗（漂洗）→坚果干燥→坚果分级→破果壳→果仁分级→包装。

第三节　鲜食核桃冷藏及坚果贮藏

一、鲜食核桃冷藏

鲜食用核桃是当今时令食品中的新类型，颇受市场和年轻人的欢迎。方法是：将新鲜核桃脱除青皮，然后洗净、晾干，按批次、等级放入-20～-10℃的低温冷冻库中保藏。根据保鲜时间长短确定冷藏温度，2～5个月后出库果采用-10℃左右冷藏，有6个月以上的保鲜期，采用-18℃以下的冷藏温度。鲜食核桃在-18℃以下的温度环境中，其新鲜品质保持不变，可实现周年供应。鲜食核桃出库后，在贮藏保鲜期内既可放在市场冷冻货架销售，也可用家庭冰柜或冰箱保鲜。超市在温度-5℃以下冷柜中的货架期为2个月以内，家庭放在-10℃以下的冰箱或冰柜中的保鲜期可达数月。温度越低，贮藏保鲜的时间越长。

西安植物园和西北农林科技大学的高书宝、高国宝等通过对核桃青果保鲜技术的研究认为：采果期延迟，果实和仁鲜重均呈递减趋势；采后青果自然存放时间与失水率呈正相关；低温（5℃）密封可明显减少青果的水分损失，降低呼吸率，可保存40天以上；青果整体完好有利于延长保鲜期。

二、坚果贮藏

核桃坚果适宜的贮藏温度为1～3℃。坚果的含水量宜低于7%。

（一）室内干藏

将晾干的核桃装入有小孔的粗布袋或麻袋中，放在干燥通风的室内贮藏。此法适于少量、短期存放。应防止夏季潮湿、霉烂、虫害和变味。

（二）低温贮藏

长期贮存少量坚果，可将坚果封入聚乙烯袋中，置于0～5℃的冰箱中，可保持良好品质2年以上。长期、大量贮存时，可用麻袋包装，贮存在0～1℃的低温冷库中。大量的坚果应采用冷库贮藏。资料显示，在0～1℃温度、O_2浓度为2%～3%、CO_2浓度为15%～20%、相对湿度为50%～60%的条件下，可保存1年不变质。

（三）薄膜帐贮藏

在无冷库的地方可采用塑料薄膜帐密封贮藏核桃。做法是：

选用厚 0. 2~0. 23 毫米的聚乙烯膜做成帐袋，其大小和形状可根据存贮量和仓储条件而定，秋季将晾干的核桃入帐。北方冬季气温低、空气干燥，可暂不密封，待翌年 2 月下旬气温逐渐回升时密封。帐内空气湿度应低于 50%，防止密封后坚果变质。南方秋末冬初气温较高，空气湿度大，核桃入帐时必须在帐内加吸湿剂后密封，以降低帐内湿度。当春末夏初气温升高时，可在密封的帐内充 CO_2 或充 N_2 来降低帐内 O_2 浓度（2%以下），以抑制呼吸、减少损耗，防止霉烂、酸败及虫害发生。帐内 CO_2 达到 50%以上或充 N_2 1%左右效果较为理想。

核桃贮藏过程中如有鼠害和虫害发生，可用溴甲烷（40~56 克/平方米）熏蒸冷库 3~10 小时，或用二硫化碳（40.5 克/平方米）密封 18~24 小时，杀鼠和除虫效果良好。

第四节　坚果及果仁分级和包装

一、坚果分级及安全指标

（一）分级的意义

核桃坚果分级是适应国际市场和国内市场需要、实行优级优价、保证商品质量、执行产品标准化、市场规范化的重要措施，也是产品市场竞争的需要。

（二）分级标准

在国际市场上，核桃商品坚果的价格与坚果的大小和质量有关，坚果越大，价格越高。我国核桃坚果出口的标准是：坚果直径 30 毫米以上为一等，28~30 毫米为二等，26~28 毫米为三等。近年我国开始组织出口直径为 32 毫米的商品核桃。出口核桃坚果除以果实大小作为分级的主要指标外，还要求坚果壳面光滑、洁白，核仁干燥（核仁水分不超过 4%），杂质、霉烂果、虫蛀果、破裂果总计不许超过 10%。

2006 年国家标准局发布的《核桃坚果质量等级》国家标准中，以坚果外观、单果平均重量、取仁难易、种仁颜色、饱满程度、核壳厚度、出仁率及风味8项指标，将坚果品质分为4个等级。

（三）坚果安全指标

1. 感官要求

根据中华人民共和国农业行业标准《无公害食品落叶果树坚果》（NY 5307—2005）要求：同一品种果粒大小均匀，果实成熟饱满，色泽基本一致，果面洁净，无杂质，无霉烂，无虫蛀，无异味，无明显的空壳破损、黑斑和出油等缺陷果。

2. 安全指标

应符合下表中各项指标的要求。

表　安全指标（NY 5307—2005）

项目	指标
铅（以Pb计）/（毫克/千克）	≤0.4
镉（以Cd计）/（毫克/千克）	≤0.05
汞（以Hg计）/（毫克/千克）	≤0.02
铜（以Cu计）/（毫克/千克）	≤10
酸价，KOH/（毫克/千克）	≤4.0
过氧化值，当量浓度/千克	≤6.0
亚硫酸盐（以SO_2计）/（毫克/千克）	≤100
敌敌畏（dichlorvos）/（毫克/千克）	≤0.1
乐果（dimethoate）/（毫克/千克）	≤0.05
杀螟硫磷（fenitrothion）/（毫克/千克）	≤0.5
溴氰菊酯（deltamethrin）/（毫克/千克）	≤0.5
多菌灵（carbendazim）/（毫克/千克）	≤0.5
黄曲霉毒素B_1/（微克/千克）	≤5

注：其他有毒有害物质的指标应符合国家有关法律、法规、行政规章和强制性标准的规定。

二、果仁分级

（一）分级的意义

核桃贸易主要有核桃仁和带壳核桃 2 种。1991 年以前带壳核桃的出口贸易量远高于核桃仁的贸易量。1994 年至今带壳核桃和核桃仁的出口贸易量在波动中持续增长，核桃仁的出口贸易量和增长速度快于带壳核桃的增长速度。2005 年核桃仁的出口贸易量开始超过带壳核桃的贸易量。实施和推广果仁分级标准，是提高我国核桃产品国际竞争力的重要前提。

（二）取仁方法

核桃取仁的方法分为人工取仁和机械取仁。

人工取仁是我国当前采用的方法，根据坚果 3 个方位壳皮强度的差异及核仁结构，选用缝合线与地面平行放置敲击较好，防止过猛和多次敲打增多碎仁。取出的果仁装入干净的容器中，待分级后包装。

机械取仁的方法有：离心碰撞式破壳法，此方法碎仁太多，应用很少；化学腐蚀破壳法，此法果仁易受污染腐蚀，处理不当会造成环境污染；超声波和真空破壳取仁法，设备昂贵，成本高，破壳效果不理想；定间隙挤压破壳法，此法应用较多，但由于核桃品种多样，坚果大小差异较大、形状不一，破壳取仁难度较大，还需手工辅助剥仁。

张志华等（1995 年）发明的小型核桃螺旋加压取仁器，加压均匀、简便实用，但工作效率较低，适宜家庭使用。

（三）分级方法

我国核桃仁的分级方法主要是目测，按颜色级别手工分级。

美国核桃仁的分级采用电子分色分级机进行，不符合规定的核桃仁通过气流被剔除。

三、坚果及果仁包装

包装是指采用适当的包装材料、容器和包装技术，把坚果或果仁包裹起来，有利于在运输和贮藏过程中保持商品的原有状态和品质。包装不仅可以对产品起到保护作用，也是消费者对产品的视觉体验和企业形象定位的直接决定因素。包装设计具有建立品牌认知的营销作用，也就是利用包装设计呈现品牌信息，建立品牌识别，使消费者知道商品的品牌名称、品牌属性，进而建立品牌形象的关键措施。

（一）坚果包装

核桃坚果包装主要有纸箱包装、塑料袋包装、金属容器包装及麻袋包装。国内市场商品优质核桃坚果多采用封口塑料袋包装或外加礼品盒包装。单件商品重量多在 2.5 千克以内，主要面向超市及大型商场等场所。大宗商品采用麻袋包装，每袋重 20~25 千克，袋口缝严，在包装袋左上角标注批号。

根据《产品质量法》和国家标准《预包装食品标签通则》（GB 7718）规定，核桃坚果包装应注意以下 2 点。

1. 必须标注的内容

（1）必须采用表明核桃坚果真实属性的专用名称，不得使用引起消费者误解或混淆的名称。

（2）生产者的名称和地址应当和营业执照一致。属集团子公司、分公司及委托加工、联营生产的，按照《产品标识标注规定》的要求进行标注。

（3）产品标准号应标明产品的标准代号和顺序号，所标明的产品标准号应当合法有效。

（4）经检验证明为合格的产品，应当附有产品质量检验合格证明（可以是合格印、章、标签等）。

（5）生产日期（包装日期）、保质期（保存期）或失效日期应标注在显著位置，规范清晰，符合对比色的要求。

（6）实施市场准入的食品应按规定加贴 QS（食品质量安全市场准入）标志和食品生产许可证编号。实施工业产品生产许可证管理的产品应按规定标注生产许可证标记和编号。

2. 关于日期标示和贮藏说明

(1) 应清晰地标示预包装食品的生产日期（或包装日期）和保质期，也可以附加标示保存期。如日期标示采用“见包装物某部位”的方式，应标示所在包装物的具体部位。

(2) 日期标示不得另外加贴、补印或篡改。

(3) 应按年、月、日的顺序标示日期。

（二）果仁包装

核桃仁是国内外市场消费量较大的干果商品之一，随着生活水平的逐渐提高，人们对核桃仁及其加工产品的需求也越来越多。果仁的包装是消费者了解产品、选择产品及使用产品的重要依据。各种形式的包装愈来愈丰富多彩，如盒装、罐装、袋装、瓶装等。

核桃仁出口要求按等级用纸箱或木箱包装，每箱核桃仁净重为20~25千克。包装箱需采取防潮措施，在箱底和四周衬垫硫酸纸等防潮材料，装箱后立即封严、捆牢。在箱子的规定位置标明重量、地址、货号等。

果仁包装除具备坚果包装的基本要求外，还需注明以下内容。

一是预先定量包装或直接装入容器中，向消费者直接提供的食品名称。

二是食品标签是指食品包装上的文字、图形、符号及说明物。

三是配料，指在制造或加工食品时使用的，并存在（包括以改性的形式存在）于产品中的任何物质，包括食品添加剂。

四是加工助剂和加工辅助物，即本身不作为食品配料用，仅在加工、配制或处理过程中，为实现某一工艺目的而使用的物质或物料（不包括设备和器皿）。

五是生产日期和制造日期，指食品成为最终产品的日期。

六是包装日期，指将食品装入（灌入）包装物或容器中，形成最终销售单元的日期。

七是保质期，即果仁在标签指明的贮存条件下，保持品质的期限。在此期限内，产品完全适于销售，并保持标签中不必说明或已经说明的特有品质。超过此期限，在一定时间内，果仁可能仍然可以食用。

八是保存期，指推荐的最后食用日期。指果仁在标签指明的贮存条件下，预计的终止食用日期。在此日期之后，预包装食品可能不再具有消费者所期望的品质特性，不宜再食用。

第九章　核桃园林下种植、养殖模式及技术

第一节　核桃园林下套种

一、林瓜套种

将核桃树主干左右 1 米周围的土地，有灌溉条件的修成灌溉渠，没有灌溉条件的修成鱼鳞坑留作营养带，剩余行间树冠以外空地采用点播、移苗形式套种甜瓜、西瓜、草霉，形成核桃树+甜瓜、核桃树+草霉、核桃树+西瓜 3 种套种模式。此种类型主要在没有郁闭的 1~5 年生核桃园地实施。

二、林药套种

将核桃树主干左右 1 米周围的土地，修成鱼鳞坑留作营养带，剩余行间树冠以外空地采用撒播或条播形式套种丹参、太子参、西洋参、柴胡、山药，形成核桃树+丹参、核桃树+太子参、核桃树+西洋参、核桃树+柴胡、核桃树+山药 5 种套种模式。此种类型主要在没有灌溉条件的坡源核桃园地实施。在没有郁闭的 1~5 年生核桃园地种植喜光药材品种丹参、柴胡。在已郁闭的 6 年生以上核桃园地种植耐阴药材品种太子参、西洋参、山药。

三、林菜套种

将核桃树主干左右 1 米周围的土地，修成灌溉渠或鱼鳞坑留作营养带，剩余行间树冠以外空地采用撒播或条播、移苗等形式套种连花白、菜花、白菜、大蒜、萝卜、冬瓜、红薯、马铃薯、南瓜，形成核桃树+连花白、核桃树+菜花、核桃树+大蒜、核桃树+萝卜等 9 种套种模式。此种类型主要在没有灌溉条

件的坡源核桃园地实施，主要以沙壤地的核桃园地内实施。

四、林粮套种

将核桃树主干左右 1 米周围的土地，修成灌溉渠或鱼鳞坑留作营养带，剩余行间树冠以外空地采用撒播或条播等形式套种花生、绿豆、黄豆、红小豆，形成核桃树+花生、核桃树+绿豆、核桃树+黄豆、核桃树+红小豆 4 种套种模式。此种类型主要在没有灌溉条件的坡源核桃园地实施，主要以城北、城西壤地据多的核桃园地内实施。

五、林苗套种

将核桃树主干左右 1 米周围的土地，修成灌溉渠或鱼鳞坑留作营养带，剩余行间树冠以外空地采用撒播或条播等形式套种育苗，育苗以核桃、板栗为主，形成核桃树+核桃、核桃树+板栗 2 种套种模式。此种类型主要在城南、城北有灌溉条件的沙壤地核桃园地实施。

第二节　核桃园间套种蔬菜技术

一、黄花菜、核桃栽培技术

黄花菜又名金针菜、忘忧草、萱草、健脑菜等，属百合科萱草属多年生宿根草本植物，以花蕾食用，是一种营养十分丰富的蔬菜，含有人体需要的蛋白质、维生素、多糖、钙、铁、磷等多种营养成分，而且黄花菜在采摘期内不施农药，是很受人们欢迎的绿色健康食品，具有健脑通乳、利尿、美容、补肾养血、防癌、降压等作用，更是一种不可多得的保健食品。山核桃园内套种黄花菜，不但能增加经济收入，同时还能覆盖土壤，抑制杂草滋生，减少土壤流失和山核桃园人工抚育成本，降低夏季果园土温，保持土壤湿度，增加有机肥，改良土壤，有利于山核桃树生长，是较理想的经营模式。黄花菜既可与山核桃间作，也可在山核桃林下套种。

(一) 种苗与地块选择

黄花菜属无性繁殖、丛生作物，产量由每丛株数和蕾重构成。为了选取健壮的苗株，确保苗丛有足够的单株数，种苗需选用5~6年的大丛黄花菜头。移栽时，选择晴朗天气将黄花菜头挖起，再用小刀将菜头切刈成4~6片单株，而后将单株连接成一丛团排苗，最后将肉质根剪去，方可入穴栽种，以保证当年定植，当年或翌年投产，并获得高额产量。壤土、砂壤土均可种植黄花菜，pH值呈中性或微酸性、质地疏松、团粒结构背风向阳、排水方便的地块为宜。黄花菜根系发达，深翻土壤有利于根系的生长。因此，最好选择土层较厚、土质肥沃的山核桃园进行间作套种。

(二) 黄花菜定植

黄花菜最适生长气温为15~30℃，根芽分生组织活跃，终年均可长芽。因此，除盛苗期至采摘期不宜栽植外，其余时间均可取苗栽种。但为了确保挖取壮株，促使其早日开花提高产量，取苗栽种的可选择于采摘后至冬苗前的10月，或者是冬苗排芽后的3—4月，挖头分株捆丛入栽为好。黄花菜增产靠群体效应，所以掌握好其种植密度显得至关重要，过稀过密皆不适宜。套种于山核桃园区的可采用多行排列，以每亩栽2 000丛左右为宜。栽植采取宽窄行丛植，以宽行100厘米，窄行65厘米，穴距50厘米左右为宜。这样有利于园地的通风透气，可增强光照，防止倒伏，提高花蕾产量。

(三) 肥水管理

黄花菜生育周期为1年，所以需要施足基肥。第一次套种时，需要开大穴，挖深穴，下足肥料，每穴施腐熟猪牛栏粪肥1千克，再加复合肥25克。基肥可先与穴土搅拌，并于穴内撒上一层薄土，然后把种苗栽植于薄土之上，再覆盖上表土。此后于春末夏初再施一次肥，每亩用人粪肥150千克加复合肥5千克，对水150千克，结合中耕培土浇穴。到8月上旬初花前，还得加施1次催蕾肥，标准为每亩用复合肥10千克，对水150千克浇施。黄花菜喜湿润，干旱或渍水对黄花菜植株生长和花蕾形成都十分不利，所以要保持园地湿润。新植移栽期需要维持土壤水量70%~80%，干旱时需要浇水。因此，山地套作时必须选择靠近水源的地块。采用山坡地连片栽种的，遇到梅雨天气、畦沟积水的则需要及时排水。冬季或干旱季节需要用稻草或杂草加盖头蔸，以减少土壤水分蒸发，保护根芽安全越冬。

（四）病虫害防治

黄花菜主要会受到叶斑病、叶枯病、锈病和黄花菜蚜虫、黄花红蜘蛛等的危害。防治除采取综合措施外，防治病害可用等量式0.5%~0.6%波尔多液、65%或80%代森锌可湿性粉剂、50%多菌灵800~1 000倍液等进行喷雾，喷射要做到叶面叶背均不遗漏，隔7天再喷1次。到花蕾采收完毕，需要及时割叶培土，并将割下的叶片集中烧毁，以除灭病菌。

（五）采收

黄花菜采摘期为6月下旬至8月上旬，历时40天以上，要适时采收。花蕾开放过迟，会降低干制品质量；花蕾采摘过早，不仅降低质量，而且加工后常带黑色，影响干制品的外观品质。一般品种适合在每天清晨采收，通常在开始开花前1~2小时采摘完毕为宜。具体采摘时间应根据不同品种而定，适宜采摘的花蕾从外观上看个大饱满、质地松、颜色黄绿、花嘴欲裂未裂、色泽发黄、3条接缝十分明显、蜜汁显著减少，采摘时，用拇指和食指夹住花柄，从花蒂和薹梗连接处轻轻折断，边采摘边装在篓内。采后将花蕾先放在80℃的开水中浸泡10分钟，然后捞出晒干，用编织袋包装贮存，以待上市。

二、核桃园套种辣椒

核桃园套种辣椒的方法，包括以下步骤。

1. 栽种

选择土壤pH值在7~8的山地，去除杂草，深松、碎土和施入农家肥，开沟渠；然后将 5 年以上生的核桃种苗和1~2 个月大的辣椒幼苗间隔在沟渠中种植。

2. 田间管理

追肥料，并按常规方法除草，病虫害防治；其中，所述肥料以重量份数计，由畜禽粪 20~30 份，麦秆 15~30 份，花生粕 15~25 份，豆粕 10~20 份，草灰 10~20 份，微量元素 0.1~0.3 份，水 10~15 份混匀，堆肥 3~4 个月配制而成；所述肥料用量为 45~50 千克/亩。

第三节　核桃园林下养鸭技术

林下养鸭成为一种新型的养殖模式，放养的鸭子始终要比圈养的鸭子品质好。

一、品种选择

林下养鸭应选用抗逆性强，既适于圈养，又可在低山丘陵区放养，食性广、食量大、肌胃发达、消化能力强的品种。山麻鸭原产于福建龙岩地区，是我国优良蛋鸭品种之一，具有开产早，产蛋高，适应性广，适合农村各种方式养殖；吉安红毛鸭具有遗传性能稳定，生产性能良好，耐粗饲，觅食力强，肉嫩、瘦肉率高，羽毛生长与体重增长同步等特点，适合农村各种方式饲养。

雏鸭饲养阶段俗称育雏，是养鸭十分重要的基础阶段，因此必须科学管理，给雏鸭创造适宜的温度、湿度、空气、光照、营养和清洁安静的环境等，尽量减少恶劣应激的影响。

育雏季节很关键，鸭苗主要选择春雏和夏雏。春雏是指 3—5 月孵出的雏鸭，春季气候逐渐回暖，阳光充足，对雏鸭生长有利，成活率和强健率高，到中鸭阶段，由于气温适宜，舍外活动时间长，体质好，生长增重快。春季育雏应注意做好保温工作，春季多雨高湿，气候多变，疾病容易入侵，因此处于炎热夏季的育成期要做好防暑遮阴等工作。

夏雏是指6—8月孵出的雏鸭，此时高温高湿，雏鸭食欲差，生长发育受影响，成禽生产力较低，且防暑降温工作量大。不过夏雏一般不需供热保温，作肉用商品鸭时只要适当做好防暑工作，饲养成本不会很高。

二、育雏方式

根据现有鸭舍具体情况，可采取多种育雏方式。林下养鸭应集中育雏后，再分散入林放牧。

平面地面育雏直接在鸭舍地面上铺厚垫料，如刨花、粗木屑、干禾草、干砂等，应定期清理更换垫料，使之保持清洁干燥，此法简单易行，成本不高，但不易控制疾病，育雏效果一般。

半地半网育雏鸭舍1/3地面铺设离地网面，另外地面不铺网，只铺垫料。饮水全部放置在网上，这样舍内地面保持干燥。注意斜面坡度须小于25°。此法成本适中，且利于清洁工作，效果较理想，所以比较常用。

纸箱育雏利用普通大一点的硬纸箱，将雏鸭养于其中。此法在暖和天气时不用热源供温，可自温育雏，大大降低保温费用，且简单易行，投资小。但须注意保持干燥、卫生和通风，常在纸壁凿孔以通气，需适时分群转移，随着雏鸭逐渐长大，逐步将部分鸭移出至其他纸箱或育雏舍，使其饲养密度适中并逐渐脱温。因此法受天气影响较大，工作繁杂，育雏数量有限，适合小规模养殖。

三、日常管理

通风目前绝大多数开放式鸭舍以调节舍内温度和湿度为主要标准来进行通风换气，靠开闭门窗的多少和开闭时间的长短来控制通风。窗户应设在高处，既使风吹不到鸭身，又利于排除较热较轻的废气。同时，防止贼风和温度波动引起雏鸭感冒和生长不良。

密度通常雏鸭群以400~1 000只为宜，地面平养时，第一周龄每平方米20只左右，第二周龄14只左右，第三周龄以后不应多于10只；网面平养和地网结合饲养时密度可大些，最多可多养1/3。

温度雏鸭生长须温度适宜，要避免室内温度大幅度升降。1~3日龄，温度为28~30℃；4~6日龄，温度为24~26℃；7~10日龄，温度为20~23℃；11天以后类推。前期当室内温度低于20℃时，可用红外线灯或电热板供暖。注意防止鸭子堆集，并及时疏散。

湿度育雏时适宜的相对湿度为56%~70%，这和雏鸭出孵时机器内湿度接近，可避免雏鸭因呼吸干燥空气而散发体内大量水分，影响机体正常功能。

光照雏鸭开食后，采食量小，采食速度慢，为了保证雏鸭有足够的采食和饮水时间，一般在最初3天采用全天24小时光照，即晚上增加人工光照，光线强度以雏鸭能看见饲料和饮水为宜。

免疫接种免疫接种的程序和种类在各地区不同，取决于当地传染性疾病的发生状况。最好由禽病专家进行调查，制定好免疫接种计划并严格执行。

适时淘汰由于稻田养鸭主要在自然粗放条件下进行，鸭群必须健康。应当适时淘汰健康状况差、生长不良鸭。

四、雏鸭饲喂

饮水雏鸭出壳后24小时内一定要饮到水，一般将雏鸭放入1厘米深浅水盆中几分钟，让雏鸭湿脚和饮水，即通常所说的“点水”。水质必须新鲜、清洁、水温接近室温，随着日龄增加，雏鸭饮水量加大，经常清洗饮水用具和换掉脏饮水，装入新鲜水。

开食在雏鸭出壳后24~28小时内，最迟不能超过36小时，当全部雏鸭饮到水后，让雏鸭开食。雏鸭开食后最初几天，应采用“少喂多餐”制，即每天喂7~8次不等，每次喂量很少，但须保证雏鸭吃饱。以后让雏鸭自由采食，自由饮水，晚上不设人工光照。

饲料饲喂雏鸭饲料宜新鲜、清洁、营养、颗粒大小适中、适口性好、易于消化。雏鸭在10~15天期间，每羽鸭分期供食500克全价饲料，在饲喂过程中拌加少量米饭。然后，用米饭加稻谷、碎玉米等谷物类饲料喂到体重75克以上，可放入大田。

为补充放养时期饲料的不足，对放养鸭要适时补饲。雏鸭放养从4周龄开始，前期为育雏期，可圈养和笼养。雏鸭在早晚各补饲1次，以补充能量的不足。

在林下养鸭的优势有很多，所以在养殖的时候一定不要喷洒农药，以免鸭子觅食吃到农药喷洒的会导致食物中毒。

第十章 文玩核桃

第一节 历史渊源和种类

一、官帽

官帽属于麻核桃的一种，四大名核之一，是手疗核桃的佳品。因其形状如明朝官员上朝时戴的帽子而得名。矮而庄重，凸起为点网状。

二、公子帽

公子帽属于麻核桃的一种，四大名核之一，形状稍矮稍宽，特点是边特别大并且在连接脐的地方形成两个美丽的大兜儿，形状就像是古代公子们头上戴的公子帽一样，很漂亮，故得名。

三、老型公子帽

老型公子帽是以传统的野生公子帽来命名的核桃，产自河北涿鹿。这种核桃目前已被嫁接，此品种核桃个大、边大、尖大、纹路深、形状漂亮、皮质好、上手易红。

四、崔凯公子帽

崔凯公子帽是以人名来命名的核桃，产自河北涿鹿。这种核桃目前已被嫁接。此品种核桃个大、边大、形状漂亮、纹路浅、密度小，分量轻、皮质好、上手易红。据说这种核桃被涞水常安庄的崔凯最先发现该品种老树并嫁接、推广。

五、盘山公子帽

盘山公子帽是按地名命名的核桃。这种核桃的野生树产地在天津蓟县的盘山地区，盘山公子帽的纹路深，花纹漂亮，密度大，分量重，最大的特点是皮质好、上手易红，揉出的颜色非常鲜艳，尤其是盘山公子帽三棱更为精美，受到众多核桃爱好者的青睐，

六、狮子头

狮子头是手疗核桃中的珍品。其纹路点网结合，两棱角下垂，如旧时衙门门前的石狮子的鬃毛，故而得名。特点是尖短而顿，尾紧而方，棱条宽而正，色泽橙黄，上浆快，挂磁也快，搓揉手感甚好。大多数为双棱，有粗纹、细高桩、矮桩纹之分。若遇到三棱、四棱和鬼脸狮子头，可谓珍品中之珍品。本品种产于北京，天津，河北的山区，山西、河南、陕西为数较少，以高山中自然生长的为多。近年来人工培育的面积扩大，常有人工嫁接的新品种出现。

七、黄杆狮子

该品种是最近 2 年优化出来的，因其枝条棕黄色，故核农命名为“黄杆”狮子。该品种结果早、丰产，核桃皮质纹路品相俱佳，核桃的边宽一般在 4.0 左右，最大已经达到 4.6 厘米，完全可与白狮子相媲美。

第二节　鉴赏与保养

一、鉴赏

(一) 个

通常我们所说的“个”也就是指核桃的大小或者说尺寸。一般来说，选购文玩核桃的大小在 3.5~4.3 厘米为宜（特指边的宽度）。也就是说根据大家的手的大小，玩的核桃在这个尺寸比较合适，当然特殊情况除外。但是从收藏或者保值的角度出发，文玩核桃的尺寸就是越大越好了，一般来说品种比较好的核桃的边宽超过 4.5 厘米以上的就属于珍品了，价值自然也是

非常高的。文玩核桃一般情况下越大价格越高，而且在核桃的边宽达到4.0厘米以上的情况下，往往大小在1毫米的差距上，其表现在价格上的差异是非常大的。在选购文玩核桃的时候我们还要注意的是配对问题，要使两只核桃在边、肚、高等方面的大小基本上保持一致，方便的话还可以借助卡尺（一种专业量具）的帮助。两只核桃各方面的尺寸越接近越好。

（二）色

核桃的色要分两方面来说。

1. 自然色

自然色就是指核桃本身的颜色，一般多为黄褐色。文玩核桃在后续的把玩过程当中，颜色会不断的改变，一般玩到10年左右的老核桃的颜色会呈现一种琥珀般的深枣红色，非常漂亮。

2. 人为着色

人为着色就是指核桃下树以后，经过人为的加工，导致核桃变色。一般来说，用来使核桃着色的有：84消毒液、盐酸、双氧水等一些弱酸弱碱性药水。经过各种药水着色的核桃会呈现不同的颜色。一般来说，核桃下树以后如果出现一些颜色或者皮质上的问题的时候，就会用药水着色作为掩盖。

（三）形

指核桃的形状。一般来说比较常见的如圆形、扁形、方形、长尖形、异形等，也就是核桃自然生长状态的形状。我们平时所说的狮子头、鸡心、官帽、公子帽、虎头、罗汉头等核桃也是来源于核桃本身形状的一个具像化的名字。另外，核桃“形”的另外一个方面，就是核桃的纹路。纹路主要可以分为3个方面。

（1）纹路的深、浅以深为上。

（2）纹路的疏、密这个就要看个人的喜好了。

（3）纹路的分布状态。主要可以分为：片状、网状、块状、放射状、水文状等其中以水龙纹状品种的核桃最为难得而且珍贵。

（四）质

“质”主要指核桃本身的质地，包括：重量、表皮的厚度、密度、上色的快慢、木质的软硬程度等方面。从选购文玩核桃的角度出发，挑选的应该是：重量大、皮厚、密度和木质软硬适中、上色快的核桃。选购这样的核桃的价值比较高，而且在把玩的过程中会有比较好的变化。这几方面如果都能够看的比较好的话，玩出来的老核桃在碰撞的时候应该发出的是一种金石之声，润如红玉，色泽如琥珀，赏心悦目。

二、保养

存放简单，超市卖的保鲜盒体积小、密封好，是存放核桃最理想的容器，但是将裹核桃仁的布包一并放在一起效果更好，核桃油自然挥发，七八天打开时会发现，这些核桃被自然的核桃油熏得很均匀，上手变色也很快。对于新核桃的保养，要注意不要过冷过热，否则很容易开裂。

不要马上用水刷，更不能放在暖气上，因为新核桃上来正好赶上冬天。

夏天潮，时间放久了易出蛀虫，放了精态粉就没事了，放一点就能管5~6年，一般常用的做法是在存放核桃的器具中放上几粒花椒也可以很好的防止蛀虫。

第三节　切片工艺品

以前只知道核桃是揉着玩，没想到核桃切片也能成为一种风尚，还有一个吉祥的称呼——“辟邪”。切片后的核桃，由于核桃内部的结构特殊，中间保留下来的部分自然形成的镂空花纹很特别，形状像一对鞋，称之为“辟邪”（图10-1）。

辟邪多为楸子所做而成，它美丽的花纹，其边缘的部分有的很像人脸、兽面，人称“鬼脸”，可以做不错的挂件（图10-2）。

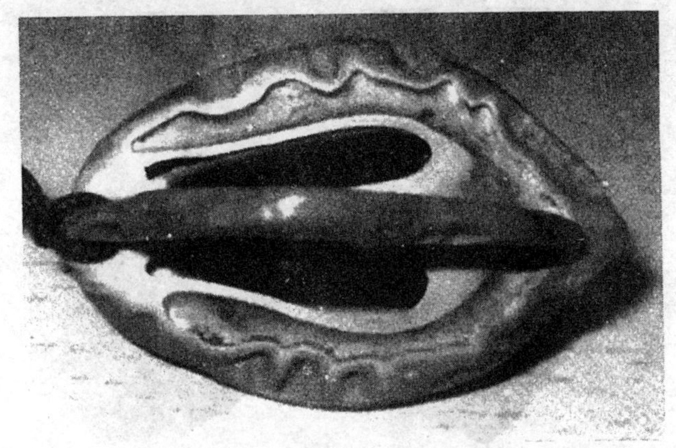

图 10-1　辟邪

图 10-2　“鬼脸”挂件

下面咱们就来看看不同核桃切割的样子。

一、楸子

楸子做切片是最多的，主要原因还是便宜，所以不完美的楸子，就做成了切片（图 10-3）。

图 10-3　楸子切片

二、鸡心

其实鸡心的切片是非常漂亮的（图 10-4）。

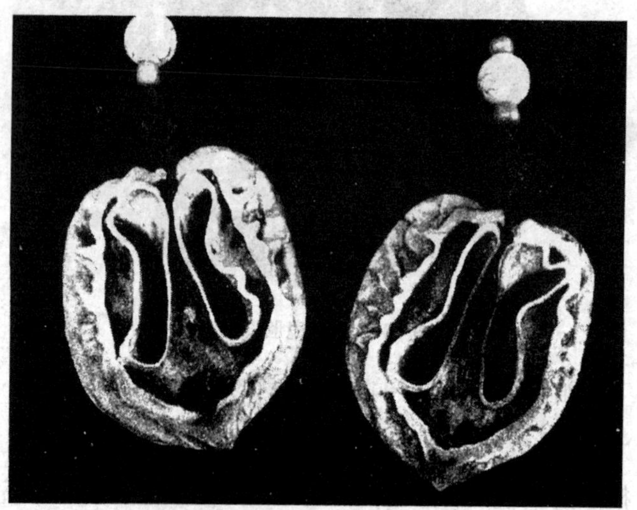

图 10-4　鸡心切片

三、南疆石（图 10-5）

图 10-5　南疆石切片

四、狮子头（图 10-6）

图 10-6　狮子头切片

五、金刚切片

除核桃外，金刚也是可以切片做成坠子、配饰、背云、挂饰的。来看看下面的金刚切片成果（图 10-7）。

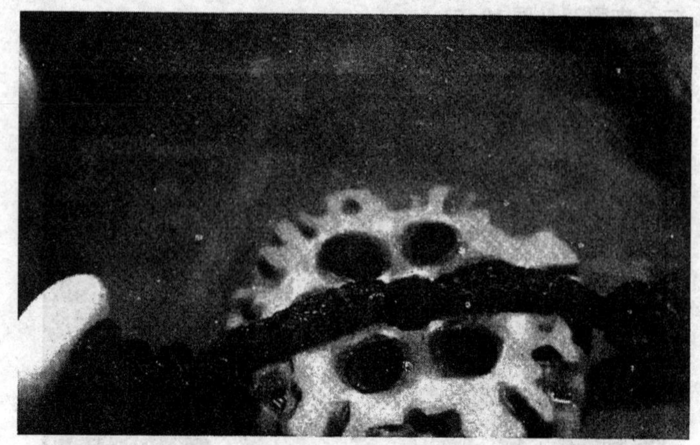

图 10-7　金刚切片

参考文献

何悦 . 2018. 核桃把玩与鉴赏［M］. 北京：北京美术摄影出版社.

李建红，杨全生 . 2019. 核桃实用技术图解［M］. 兰州：甘肃科学技术出版社.

李益恩 . 2018. 核桃加工实用技术［M］. 成都：四川科学技术出版社.

王俊霞，李伟越，王爱根 . 2018. 核桃栽培与果园管理［M］. 北京：中国农业大学出版社.

张美勇 . 2019. 核桃高效栽培关键技术［M］. 北京：机械工业出版社.